Jörk Vierke · Claus-Peter Gering

Aquarium

Gestaltung und Pfleg
Fische und Pflanzen

KOSMOS

INHALT

Welchen Fisch kaufen? Die Auswahl ist riesengroß!

Die schönsten Fische für Sie

Auswahl der Fische

Bei vielen Zoofachhändlern hat man die Auswahl unter hundert oder noch weit mehr verschiedenen Fischarten – wie soll man da die richtigen finden? Die meisten Aquarianer, nicht nur die Anfänger, lassen sich zunächst von ihren Augen leiten. Es ist aber klar, dass man die Fische nicht ausschließlich und in erster Linie nach ihrer Schönheit aussuchen kann. Entscheidend ist, ob wir den Tieren wirklich gerecht werden können: Reicht unsere Aquariengröße, passen die anderen Mitbewohner, können wir ihnen die notwendige Wasserqualität bieten? Diese und andere Fragen wird uns natürlich der Zoofachhändler beantworten.

Information ist wichtig

Gut ist es aber, wenn Sie sich vorher schon etwas informiert haben, wenn Sie schon wissen, was Schwarmfische sind und wenn Sie sich etwas unter Salmlern oder anderen Fischgruppen vorstellen können. Das folgende Kapitel will Ihnen dabei helfen. Dann kön-

Keilfleckbarben sind typische Schwarmfische. Am besten kauft man sie im Zehnerpack.

nen Sie ganz gezielt einkaufen und nach bestimmten Fischen fragen, deren Ansprüche und Lebensweisen Sie bereits kennen. Bedenken Sie, dass auch der beste Zoohändler Sie aus zeitlichen Gründen nur selten so umfassend informieren kann wie ein Buch.

Die meisten Fische sind soziale Wesen. Man kann sie also nicht einfach zusammenstellen wie Gesteine in einer Vitrine. Ganz wichtig ist es an dieser Stelle zunächst einmal, zwei Grundtypen unter den Fischen zu unterscheiden: die Schwarmfische und die Revierfische. Während die einen nichts nötiger brauchen als die Gesellschaft von Artgenossen, sind die anderen aggressiv gegen jeden Artangehörigen. Lediglich Familienangehörige machen da Ausnahmen. Man kann sich vorstellen, dass die letzteren, die Revierfische, etwas komplizierter sind.

Schwarmfische

Ein Schwarm besteht aus einer Vielzahl von artgleichen und meist auch ungefähr gleichgroßen und damit auch gleichaltrigen Tieren, die innerhalb des Schwarms keine weiteren Beziehungen pflegen. Meist sind es besondere Färbungen oder Zeichnungsmuster, an denen sich die Schwarmmitglieder erkennen. Das ist der Grund, weshalb Schwarmfische oft so schön und farbig sind.

Schwarmfische unternehmen typischerweise alles gemeinsam: Nahrung suchen, fressen, spielerisch herumschwimmen, ruhen; manchmal erfolgt sogar die Liebe im Schwarm. Natürlich kann es dabei mal Unstimmigkeiten geben, aber da keiner die Stärken und Schwächen des anderen kennt, kommt es nicht zu lang andauernden Streitereien. Aus diesem Grund gibt es im Schwarm auch keinen Anführer. Achten Sie mal darauf,

Der Zebrabuntbarsch *(Archocentrus nigrofasciatus)* ist ein typischer Revierfisch.

wer im Schwarm bestimmt, wohin es gehen soll. Es ist immer ein anderer Fisch – in aller Regel der zufällig erste!

Einzeln gehaltenen Schwarmfischen geht es nicht gut. Der einfühlsame Tierfreund erkennt, dass sie leiden. Zunächst schwimmen sie unentwegt herum – ständig auf der Suche nach Artgenossen, immer erfolglos, immer auch unsicher und ständig fluchtbereit. Später werden sie meist apathisch, stehen teilnahmslos in einer Ecke herum und beginnen zu verfetten.

Typische Schwarmfische kauft man am besten im Zehnerpack – gern mehr, aber möglichst nicht weniger, denn ein zu kleiner Trupp von Bärblingen oder Barben beispielsweise lernt sich, entgegen dem typischen Schwarmverhalten, bald individuell kennen, sie kennen schnell die Stärken und Schwächen der mitbewohnenden Artgenossen und bald ist einer der ständig Gejagte. Auch als Aquarianer haben Sie mehr Freude an einem größeren Schwarm. Schöner als ein Schwarm aus 10 Fischen ist selbstverständlich ein größerer, und natürlich ist das auch für die Fische besser! Ein aus 20 oder 30 Tieren bestehender Schwarm Roter Neon hat eine beeindruckende Wirkung. Aber natürlich muss das Aquarium ausreichend groß sein!

Revierfische

Ganz anders ist das mit Revierfischen. Sie sind bestrebt, sich ein eigenes Stückchen Erde zu schaffen, ein Privatgrundstück, das kein Artgenosse ohne Erlaubnis betreten darf! Dieses Revier oder Territorium muss von Art zu Art ganz unterschiedliche Kriterien erfüllen. Es muss eine bestimmte Größe haben und gewisse Anforderungen erfüllen. Bei einigen Fischen ist eine Bruthöhle in Bodennähe wichtig, beispielsweise bei einigen Zwergbuntbarschen, bei Blaubarschen und bei verschiedenen Kleinlabyrinthern. Andere Revierfische brauchen feine Pflanzen in Bodennähe, in denen sie ablaichen können, und wieder andere Arten benötigen einen ruhigen, gut mit Deckung spendenden Pflanzen versehenen Platz an der Wasser-

Segelflosser sind Revierfische. Dennoch bilden sie zeitweise Zusammenschlüsse.

oberfläche, wie einige Welse und Labyrinthfische. Ein derartiges Revier ist meist Vorbedingung für das Fortpflanzungsgeschäft.
Beim Kauf von Revierfischen sollten Sie ganz besonders gut informiert sein. Sie sollten wissen, ob die Fische nur sehr kleine Reviere beanspruchen; dann kann man auch mehrere Tiere in ein ausreichend großes Aquarium einbringen. Ein schönes Beispiel hierfür sind die südamerikanischen Schmetterlingsbuntbarsche oder die kleinen Honigfadenfische.
In den meisten Fällen wird es jedoch sinnvoller sein, sich von Revierfischen nur ein Paar zu besorgen. Das ist von der Größe des Aquariums und seiner Einrichtung und vor allem vom typischen Verhalten der jeweiligen Fischart abhängig.
Auch wenn Revierfische gewisse Ansprüche stellen und sie manchmal kompliziert sind – Sie sollten nicht auf sie verzichten! Gerade Revierfische beeindrucken durch ihr oft differenziertes Verhalten und geben Anlass für die interessantesten Beobachtungen im Aquarium.

Übergänge und Abstufungen

Leider, oder vielleicht glücklicherweise, ist das mit den Schwarm- und den Revierfischen komplizierter als vielfach angenommen. Was ich oben geschildert habe, sind die Extreme! Das wahre Leben spielt sich dazwischen ab. Zwischen Schwarm- und Revierfischen gibt es alle Übergänge und Abstufungen! Beispielsweise sind die allermeisten Buntbarsche (meist leuchtende Beispiele für Revierfische) in ihrer Jugendzeit und auch außerhalb der Fortpflanzungszeit typische Schwarmfische. Erst zur Fortpflanzung werden sie territorial. Und viele Salmlermännchen, die den meisten Aquarianern als typische Schwarmfische vorschweben, können in Paarungsstimmung stunden- oder sogar tageweise hartnäckig Laichterritorien verteidigen! Bei Neonfischen kann man das gut beobachten.
Das soll Sie natürlich nicht davon abhalten, die Neons im Schwarm zu halten und erwachsene Prachtbarsche wenn möglich paarweise. Bei anderen Fischen ist das schon komplizierter. Segelflosser kann man in ausreichend großen Aquarien ausgezeichnet und mit gutem Gewissen zu mehreren halten – obwohl sie zur Fortpflanzung territorial werden. Dann wird sich ein laichwilliges Paar absondern und in einem Teil des Aquariums versuchen, ein Laichrevier zu errichten. In ausreichend großen Aquarien gelingt das auch, denn Segelflosser haben trotz ihrer Größe vergleichsweise geringe Revieransprüche.

Panzerwelse sollten möglichst im kleinen Trupp mit Artgenossen gehalten werden.

TIPP

Jede Art hat im Sozialverhalten, aber auch in anderer Hinsicht, besondere, ganz typische Bedürfnisse, die der Pfleger kennen sollte. Pauschalregeln sind nur gut für die erste Orientierung. Studieren Sie im Hinblick auf die von Ihnen erwünschten und gepflegten Fische die in diesem Buch vorgestellten Portraits. Da werden weit möglichst auch Sonderfälle berücksichtigt.

Ausnahmen und Regeln

Man kann auch nicht immer Freiwasserbeobachtungen als alleinigen Maßstab für die richtige Tierhaltung anlegen. Am Amazonas sah ich wiederholt, dass helle Sandbänke wie von einer dunklen Wolke getrübt wurden, die dann wenig später wieder abzog. Die dunkle Wolke war nichts weiter als ein Riesenschwarm aus vielen hunderten von erwachsenen Metallpanzerwelsen *(Corydoras aeneus)*, der hier gerade vorbeigezogen kam. Anderenorts trifft man diese Welse aber auch in ihrer südamerikanischen Heimat einzeln an! Panzerwelse sind Schwarmfische, die im Hinblick auf dieses Verhalten weniger festgelegt sind als manche anderen Arten. Auch im Aquarium ertragen sie das Alleinsein besser als typische Schwarmfische. Oft sondern sie sich von ihren Artgenossen ab. Da sie überdies untereinander friedfertig sind, kann man sie unbesorgt auch zu fünft im Aquarium halten.

Alle Regenbogenfische (hier *Melanotaenia duboulayi*) sind Schwarmfische.

Ansprüche und Bedürfnisse

Natürlich sollte es für jeden Fischfreund eine Selbstverständlichkeit sein, seine Tiere unter bestmöglichen Bedingungen zu halten. Nur dann bringt es Freude, Aquarienfische zu halten und zu beobachten. Welches aber sind die idealen Haltungsbedingungen? Das ist für jede Fischart unterschiedlich. Jede Art hat unterschiedliche Ansprüche und Bedürfnisse. Es sollte Ehrensache für jeden Aquarianer sein, sich vor dem Kauf seiner Fische über deren Ansprüche zu informieren.

Man kann die Fische, die üblicherweise im Aquarium gehalten werden, bestimmten Fischfamilien zuordnen. In den Verkaufsbecken der Zoohändler gibt es ständig neue Fische zu sehen. Auch sehr erfahrene Aquarianer stehen dann immer wieder einmal vor Tieren, deren Namen sie nicht kennen. Dann ist es sehr hilfreich, wenn man die Fische wenigstens den wichtigsten Fischfamilien zuordnen kann. In unserem Buch werden Ihnen die wichtigsten Fischfamilien mit jeweils ein oder zwei der wichtigsten Vertreter vorgestellt.

Ähren- und Regenbogenfische

Regenbogenfische sind in Australien und Neuguinea zu Hause. Es sind faszinierend farbige Schwarmfische, wie geschaffen für ein schön eingerichtetes Wohnzimmeraquarium. Trotz ihrer oftmals ganz imponierenden Größe sind sie harmlos gegen Pflanzen und andere Mitbewohner. Untereinander machen sie sich in aller Regel auch nicht das Leben schwer.

Verwandtschaftlich stehen ihnen die zierlicheren Blauaugen nahe. Beides sind muntere und oft sehr farbenprächtige Schwarmfische, die man an ihrer zweigeteilten Rückenflosse gut erkennen kann. Es ist nicht schwer, die Fische zu züchten, doch dafür sind zumeist Artbecken nötig, denn artfremde Fische stellen dem Laich nach.

Am besten verfährt man so, wie bei den anschließend beschriebenen Zwergregenbogenfischen.

Nicht immer sind es beide Eltern, die sich um den Laich, die Larven und die freischwimmende Brut kümmern. Ist das jedoch der Fall, spricht man von einer „Elternfamilie“. Oft beteiligt sich der Vater nach dem eigentlichen Laichgeschäft nicht mehr an der Pflege um die Nachkommenschaft. Dies wird „Muttefamilie“ genannt.

ZWERGREGENBOGENFISCHE *(Melanotaenia maccullochi)* Ein Schwarm dieser harmlosen, aber lebhaften Fische ist eine Bereicherung für jedes Gesellschaftsaquarium. Sie gehören zu den anspruchslosesten Fischen, wenn man nur für Wasserströmung sorgt und den regelmäßigen Teilwasserwechsel nicht vergisst.

Zur Zucht setzt man einige wenige Tiere in ein mit vielen zarten Pflanzen (z.B. Tausendblatt) ausgestattetes Extra-Aquarium, denn artfremde Fische stellen dem Laich nach. Sobald man die an kleinen Fäden hängenden, glasklaren Eier im Pflanzendickicht sieht, fängt man die Elterntiere heraus. Nach etwa 7 Tagen schlüpfen die Jungfische.

In Artbecken kommen bei guter Fütterung der Alttiere und einer ausreichend dichten Schwimmpflanzendecke auch in Gegenwart der Eltern viele Jungtiere hoch.

Buntbarsche

Mit über 600 Mitgliedern bilden die Buntbarsche eine sehr artenreiche Fischfamilie. Die oft auch als Cichliden bezeichneten Fische sind vorwiegend in Mittel- und Südamerika sowie in Afrika beheimatet. Nur vergleichsweise wenige Buntbarscharten leben in Südasien und im äußersten Süden des nordamerikanischen Kontinents.

Weniger ihre Farbigkeit, sondern eher die Vielfalt ihrer Verhaltensweisen machen Buntbarsche begehrenswert. Sehr viele von ihnen sind aber wegen ihrer Größe oder ihres manchmal recht eigenwilligen Charakters keine Fische, die sich für ein Gesellschaftsaquarium eignen. Auch wenn sie für spezialisierte Aquarianer ausgesprochen liebenswerte Fische sind, kann man Großcichliden nicht als Zierfische im eigentlichen Sinne bezeichnen.

Als Revierfische sind Buntbarsche nicht immer einfach zu halten. Besonders dann, wenn sie in Fortpflanzungsstimmung kommen, können sie oft mehr im Aquarium herumwirbeln als uns lieb ist. Zur Errichtung und Verteidigung ihrer Territorien erwacht in ihnen oft eine schöne Portion Aggression. Einige legen gern im Bodengrund Gruben für die zu erwartende Brut an und gestalten das Aquarium dabei auf ihre Weise um. Gelegentlich werden dann auch Pflanzen ausgewühlt. Bei den kleinbleibenden Arten sind auch diese Probleme kleiner. Sie können sowohl bei ihrer Wühltätigkeit als auch im Hinblick auf andere Fische nur wenig Schaden anrichten. Aber auch unter den mittelgroßen Buntbarschen gibt es einige ausgesprochen friedfertige Arten. Harmlose und pflanzenfreundliche Buntbarsche sollten eigentlich in keinem Gesellschaftsaquarium fehlen.

Die Beobachtungsmöglichkeiten an Cichliden, gerade bei der Pflege der Brut, sind vielseitig und es macht viel Freude, den Fischeltern beim Versorgen ihrer Nachkommenschaft zuzuschauen. Nicht nur viele Aquarianer, sondern auch professionelle Verhaltensforscher lassen sich vom interessanten Verhalten der Buntbarsche fesseln.

SEGELFLOSSER *(Pterophyllum scalare)* Seine bizarre, hoch gebaute Gestalt und seine dekorative schwarzweiße Färbung machten

Ein Schwarm Regenbogenfische (hier *Melanotaenia praecox*) ist fantastisch anzusehen.

INFO

Im Brutpflegeverhalten der Buntbarsche kann man zwei Grundformen unterscheiden, die Offenbrüter und die Versteckbrüter. Offenbrüter kleben ihre tarnfarbenen, meist nur kleinen, aber sehr zahlreichen Eier auf die Oberfläche von Steinen oder Blättern, während Versteckbrüter ihre verhältnismäßig großen und oft auffallend gelb oder rot gefärbten Eier an unzugänglichen Orten verstecken. Das sind in aller Regel Unterstände unter Kienholzwurzeln oder Höhlen. Aber auch die Maulbrüter, die ihre Brut im Maul schützend aufbewahren, werden zu den Versteckbrütern gezählt. Einige Maulbrüter, die ovophilen („eierliebenden") Arten, nehmen den Laich gleich nach der Ablage ins Maul. Bei den allermeisten Arten sind es die Mütter, aber hier gibt es auch Ausnahmen. Andere Maulbrüter, die larvophilen („larvenliebenden") Arten, legen dagegen ihre Eier erst wie Offenbrüter auf einem Substrat ab und nehmen die Brut erst kurz vor dem Schlüpfen in ihr Maul.

den Segelflosser zu einem der bekanntesten Aquarienfische. Er hat ein ruhiges und bedächtiges Wesen, ist eigentlich ausgesprochen friedfertig und daher wie kaum ein anderer Fisch für das Gesellschaftsaquarium geschaffen. Da Segelflosser aber immerhin die Größe einer Männerhand erreichen, oft sogar übertreffen, sollte man sie nur in ausreichend große Aquarien einsetzen. Segelflosser werden schon seit vielen Generationen in Aquarien gezüchtet, es gibt sogar eine Reihe von Farbspielformen. Die Tiere sind daher längst nicht mehr so anspruchsvoll wie die ursprünglich aus Südamerika eingeführten Tiere vor vielen Jahrzehnten. Man kann sie ausgezeichnet mit allen gängigen Futtersorten ernähren, und auch an die Wasserqualität werden heutzutage keine großen Ansprüche mehr gestellt.

Wenn sich ein harmonisierendes Paar gefunden hat. laicht es auch im Gesellschaftsaquarium ab. Gemeinsam beginnen die Eltern in spe ein Revier um ein kräftiges Pflanzenblatt oder um ein anderes geeignetes Laichsubstrat zu verteidigen. Da Segelflosser vergleichsweise behäbige Fische sind, können sie den Mitbewohnern auch in dieser Phase keinen Schaden zufügen. Schließlich laicht das Paar ab, indem das Weibchen die Laichkörner auf dem Substrat anklebt und anschließend das Männchen über das Gelege gleitet und es besamt.
Natürlich ist an eine erfolgreiche Brutpflege im Gesellschaftsaquarium nicht zu denken. Auch wenn man das Paar in ein gesondertes Zuchtbecken übersiedelt, ist der Erfolg nicht garantiert. Aber ein Versuch ist allemal zu empfehlen, denn es gibt kaum etwas Schöneres für einen Aquarianer als ein Segelflosser-Paar, umgeben von einem zu hunderten zählenden Schwarm kleiner Mini-Segelflosser!

KAKADU-ZWERGBUNTBARSCH *(Apistogramma cacatuoides)* Zwergbuntbarsche haben alle liebenswerten Eigenschaften der Groß-Buntbarsche: Sie sind schön und oft sehr ansprechend gefärbt, vor allem aber haben sie ein aufregend interessantes Sozial- und Brutverhalten. Mit Zwergbuntbarschen wird es Ihnen sicher nicht langweilig! Gegenüber den meisten Großcichliden unterscheiden sie sich angenehm durch ihre Friedfertigkeit – was natürlich in erster Linie durch ihre geringe Größe zu erklären ist. Auch schaffen es die Zwergbuntbarsche nicht, Aquarienpflanzen auszugraben und freizuwühlen – für Großcichliden ist das oft eine einfache Übung.
Auf der anderen Seite sollte ein Nachteil der Zwergbuntbarsche nicht verschwiegen werden: Sie sind meist anspruchsvoller im Hinblick auf die Wasserzusammensetzung und auf das Futter. Aber Ausnahmen bestätigen die Regel. In diesem Fall ist der Kakadu-

Segelflosser sind besondere Buntbarsche. Kein Buntbarsch ist so oft im Gesellschaftsbecken zu finden, wie dieser.

Zwergbuntbarsch ein gutes Beispiel. Er besiedelt auch in seiner südamerikanischen Heimat sehr verschiedenartige Lebensräume. Einige Populationen leben in den halbmeterdicken Schichten aus trockenem Fall-Laub am Boden sauerer Urwaldbäche, andere wiederum in den dichten Schwimmpflanzenpolstern der Wasserhyazinthen in basischen Seen. Es gibt kaum ein besseres Beispiel für unempfindlichere Fische!

Damit die Kakadu-Zwergbuntbarsche gut gedeihen, brauchen sie aber auf jeden Fall mehrere Höhlen als Versteckmöglichkeiten und als Brutplätze. Die Anzahl der Höhlen sollte mindestens der Zahl der Zwergbuntbarsche entsprechen. Als Höhlen können wir Kokosnussschalen mit kleinem Einschlupfloch, halbierte Blumentöpfe oder aus Steinen errichtete Höhlensysteme anbieten. Auch gut gedeckte Wurzelunterstände werden gern angenommen. Die Fische lieben es, wenn sie ihre Höhlen noch durch Ausbaggern von feinem Sand zusätzlich erweitern und ausbauen können.

Anders als viele der anderen Zwergbuntbarsche sind die „Kakadus“ auch mit Trockenfutter zufrieden. Gelegentliche Lebendfuttergaben werden aber dankbar angenommen. Wenn Sie Ihre Fische aufmerksam beobachten, werden Sie sicher mal unter der Höhlendecke eine ganze Anzahl von dicht nebeneinander klebenden Laichkörnern entdecken, die von der dann ganz gelb gefärbten Mutter eifrig befächelt und behütet werden. Die Jungen schlüpfen dann nach wenigen Tagen und werden als zunächst noch schwimmunfähige Larven in einer kleinen Grube am Boden der Höhle oder anderswo untergebracht. Natürlich brauche ich nicht betonen, dass die Kleinen in einem Gesellschaftsaquarium kaum Chancen haben, groß zu werden. Auch die friedlichsten Mitbewohner sehen die kleinen Zwergbuntbarsche als willkommenes Zufutter an!

Ein Trupp Sumatra-Barben *(Barbus tetrazona)*

Karpfenfische

Die Familie der Karpfenfische besteht aus etwa 1.250 Arten. Neben so bekannten Fischen wie dem einheimischen Karpfen und der Karausche zählen auch die Goldfische dazu. Sie sind wie ihre Zuchtformen Schleierschwänze gut auch für größere Kaltwasseraquarien geeignet. Vor allem gibt es unter den Karpfenfischen jedoch eine Vielzahl kleiner und oft bunter Tropenfische, die sich hervorragend für die Pflege in Aquarien eignen, allen voran die allesamt in Süd- und Südostasien beheimateten Bärblinge. Es sind sehr flinke und wendige Fische, die gern im kleinen Schwarm durch das Wasser jagen. Dabei sind sie ihren Mitbewohnern gegenüber immer harmlos. Barben sind kräftiger gebaut als die Bärblinge und robuster. Sie sind in der Haltung meist noch anspruchsloser als die Bärblinge. Allerdings sind gerade die großen unter ihnen oft so vital, dass sie mit ihren groben Spielen bei empfindlicheren Mitfischen Dauerstress erzeugen können. Unter den kleinbleibenden Arten gibt es jedoch viele, die ohne Vorbehalt empfohlen werden können.

Immer in Bewegung: Zebrabärblinge *(Brachydanio rerio)*

Die Zucht der Barben und Bärblinge ist nicht schwer, aber es sind doch immer spezielle Zuchtaquarien dafür erforderlich.

SUMATRABARBE *(Barbus tetrazona)* Die wunderschönen, lebhaften Fische kommen aus Hinterindien. Auch sie gehören in einen Schwarm. Sie sind genügsam, wenngleich gierige Fresser. Bei ihren Spielen können sie ruhige Fische wie Segelflosser oder Fadenfische gelegentlich stören, vor allem, da sie manchmal auch an deren Flossenfäden zupfen. Dann sollte man die Ernährung umstellen und es mit anderen Futtersorten versuchen.

Die Geschlechtsunterschiede sind bei genauerer Beobachtung zu erkennen. Die Männchen bleiben kleiner und etwas schlanker; sind üblicherweise auch bunter. Es ist ganz wichtig, auch Männchen im Schwarm zu haben, damit die Weibchen auch im Gesellschaftsbecken ablaichen können. Im anderen Fall sterben die Weibchen im Verlauf weniger Monate.

ZEBRABÄRBLING *(Brachydanio rerio)* Wer einmal gesehen hat, wie ein Schwarm Zebrabarben in rasantem Tempo durch das Aquarium flitzt, blitzschnell zwischen dichten Gruppen von Pflanzenbüscheln verschwindet, um wenig später an anderer Stelle wieder aufzutauchen – der ist von diesen Fischen begeistert. Sie haben keine bunten Farben, keine bizarren Formen, nur ein munteres Verhalten und ihre Zebrastreifung. Das und ihre absolute Friedfertigkeit und Anspruchslosigkeit machten sie zu einem der beliebtesten Aquarienfische.

Dazu kommt sicher noch, dass Zebrabärblinge wirklich leicht zu züchten sind. Daher sind sie für vergleichsweise wenig Geld zu bekommen. Gelegentlich sieht man auch die Zuchtform mit den Schleierflossen, die es nach meinem Geschmack allerdings an Eleganz und Temperament nicht mit dem Original-Zebra aufnehmen kann.

Neben dem eigentlichen Zebrabärbling gibt es auch noch eine getüpfelte Form, den Leopardbärbling *(Brachydanio „frankei")*. Es ist wohl immer noch nicht geklärt, ob es sich dabei um eine eigene Art handelt oder um eine unter Aquarienbedingungen entstandene Zuchtvariante. Dem Leopardbärbling ähnlich ist der etwas ruhigere, aus Burma stammende Tüpfelbärbling *(Brachydanio nigrofasciatus)*, der aber leider nur noch selten in unseren Aquarien angetroffen wird.

Labyrinthfische

Labyrinthfische sind in Südasien und Afrika beheimatet. Die meisten Arten sind revierbildend. Spätestens dann, wenn sie in Brutstimmung kommen, verteidigen sie ihr Revier gegen andere Fische. Das macht sie nicht immer zu ganz einfachen Mitbewohnern. Andererseits gibt es unter ihnen aber so farbenprächtige und auch einige besonders vom Verhalten her so unglaublich interessante Arten, dass viele Aquarianer sich sogar auf Labyrinther spezialisiert haben.

Die meisten der im Zoofachhandel erhältlichen Arten sind ausgezeichnete Pfleglinge für das normale Gesellschaftsaquarium. Sie müssen aber darauf achten, dass im Aquarium wirklich strömungsarme Gebiete vorhanden sind. Zu starke Filter sind die Hauptursache für das vorzeitige Eingehen vieler Labyrinthfische. Anders als Salmler, Welse und Karpfenfische können Labyrinthfische auf Dauer nicht gegen eine ständig erfolgende Wasserströmung anarbeiten.

Die meisten Labyrinthfische sind brutpflegend, die gelegentlich selbst im Gesellschaftsaquarium ihre am Wasserspiegel errichteten Schaumnester erbauen. Es ist für Aquarianer immer wieder faszinierend zu beobachten, wie die in allen Farben herrlich erglühten Männchen zunächst ihr Nest

Ein Mosaikfadenfisch-Männchen legt sein Schaumnest an.

Mosaikfadenfisch *(Trichogaster leeri)*: Nestbau ist die Arbeit der Männchen.

INFO

Gemeinsames Merkmal der Labyrinthfische ist ihr Labyrinthorgan. Das ist eine vielfach gefaltete, mit Luft gefüllte Höhle, die unter den Kiemendeckeln verborgen liegt. In unregelmäßigen Abständen schwimmen Labyrinthfische zum Wasserspiegel, um die verbrauchte Luft im Labyrinthorgan gegen frische Luft auszutauschen. Auch wenn viele Labyrinthfische ohne ihr Labyrinthorgan in den oft sauerstoffarmen und warmen Sumpfgebieten ihrer tropischen Heimatländer ersticken würden, handelt es sich bei der Labyrinthatmung nur um eine Zusatzeinrichtung. Wichtigstes Atemorgan bleiben auch bei den Labyrinthfischen die Kiemen.
Unter den Labyrinthfischen gibt es auch einige Arten mit Maulbrutpflege. Bei ihnen bewahren die Väter den Laich und später die zunächst noch hilflosen Larven in ihrem Maul auf, bis die Kleinen selbstständig sind. Natürlich müssen die Väter während der Maulbrutpflege fasten, teilweise bis zu drei Wochen. Zu den Maulbrütern gehören unter den Labyrinthfischen die Schokoladenguramis und einige nur selten im Handel zu bekommende Kampffischarten.

erbauen und dann versuchen, ihre Weibchen unter ihr Nest zu locken. Wenn das Weibchen schließlich nach vielem Zögern unter dem Nest erscheint, umschlingen sich die Fische, verharren in dieser Umschlingung freischwebend einige Zeit unter dem Nest und geben dann ihre Laichprodukte ab. Je nach Art steigen die Eier entweder alleine unter das Nest hoch (Fadenfische und Makropoden) oder die nach unten rieselnden Eier müssen nun von den Eltern aufgesammelt und zum Nest gebracht werden (Kampffische).
Bei den Labyrinthfischen tragen die Männchen die Verantwortung für den Nestbau und die Versorgung der Brut. Bei einigen Arten allerdings übernehmen die Weibchen Hilfsfunktionen. Wenn die Kleinen selbstständig schwimmen können, bleiben sie nicht wie die meisten kleinen Buntbarsche im Schwarm zusammen. Sie halten untereinander keinen Kontakt und können daher nach dem Freischwimmen vom Vater nicht mehr zusammengehalten und geschützt werden.

SIAMESISCHER KAMPFFISCH *(Betta splendens)*
Bis in die Gegenwart ist es in Teilen Thailands und Malaysias üblich, in kleinen Behältern bestimmte Fischarten zum Kampf zusammenzusetzen und Wetten auf den Sieger abzuschließen. Zu diesen Fischen gehören auch die Männchen von Betta splendens, daher der deutsche Name Kampffisch. Wir halten die Kampffische natürlich aus anderen Gründen – man hat aus der Naturform nämlich auch wunderschöne Schleier-

Ein Trupp Honigfadenfische *(Colisa chuna)*.

formen in allen denkbaren Farben gezüchtet. Allerdings haben sie noch das kämpferische Temperament ihrer Vorfahren, obwohl sie wegen ihrer zarten Schleierflossen denkbar ungeeignet für Duelle wären. So sollten wir im Becken immer nur ein Männchen halten, auch wenn man in Spezialfällen sehen kann, dass auch andere Vergesellschaftungsmöglichkeiten realisierbar sind. Übrigens beschränkt sich die Kampfeswut der Kampffisch-Männchen nur auf ihresgleichen. Die Kampffisch-Weibchen und die anderen Fische haben dagegen nichts Ernsthaftes zu befürchten. Lediglich bei der Verteidigung des Nestes und der Brut werden andere Fische angegriffen. Aber das gilt ja für die meisten Revierfische und auch beim Kampffisch bleibt das normalerweise eine harmlose Angelegenheit!

FADENFISCHE *(Colisa und Trichogaster)*
Auch Nichtaquarianer sind immer wieder von den bizarr gebauten Fadenfischen fasziniert. Die meist hochgebauten, aber seitlich flach zusammengedrückten Fische mit den langen, haarartigen Fäden (in Wirklichkeit Bauchflossen) und den bunten oder silbrig weißen Körpern fallen sofort auf. Meist stehen sie ruhig im Wasser oder ziehen bedächtig durch das Wasser.
Man unterscheidet die aus Hinterindien stammenden *Trichogaster* Arten von den vorderindischen Arten der Gattung *Colisa*. Die Gattung *Trichogaster* hat eine kürzere Rückenflosse und die Fische werden durchweg deutlich größer. Als besonders farbenprächtig seien die Mosaikfadenfische und die Blauen Fadenfische empfohlen, aber auch die Mondscheinfadenfische sind mit ihrer fahlblassen Färbung ein Blickfang für jedes Aquarium. Nicht weniger empfehlenswert sind die *Colisa*-Arten. Auch sie sind wunderschön gefärbt – zumindest die Männchen! Am häufigsten werden die Zwergfadenfische *(Colisa lalia)* und der Honigfadenfisch *(Colisa chuna)* angeboten, gelegentlich aber auch die etwas Größeren unter den Kleinen: der Dicklippige

Ein Piranha-Schwarm – nur für große Artaquarien wirklich empfehlenswert.

Fadenfisch *(Colisa labiosa)* mit seiner goldfarbenen Zuchtform und der Gestreifte Fadenfisch *(Colisa fasciata)*.

Salmler

Zu den Salmlern gehören wohl die bekanntesten und typischsten Aquarienfische. Nur wenige andere Fische sind für die Aquarienhaltung so empfehlenswert wie die Salmler. Einige Arten kommen auch aus Afrika, aber das ist nur ein vergleichsweise kleiner Teil. Der überwiegende Teil unserer Salmler stammt aus den Flüssen und Bächen Südamerikas.

Unter den Salmlern gibt es auch größere und sogar räuberische Arten. Unter anderem gehören dazu die berüchtigten Piranhas des Amazonasgebietes, die zur schwarmweisen Haltung in wirklich großen Artaquarien durchaus geeignet sind. Die meisten Salmler jedoch sind typische, meist sehr friedliche Schwarmfische. Fast alle sind durch den Besitz einer Fettflosse ausgezeichnet, einer kleinen, nicht von Flossenstrahlen gestützten Flosse, die sich zwischen Rücken- und Schwanzflosse befindet.

Gelegentlich kann man Salmler beim Ablaichen im Gesellschaftsbecken beobachten, aber die Jungen kommen nur in Ausnahmefällen hoch. Zur Salmlerzucht braucht man Spezialaquarien, die vorher desinfiziert werden müssen. Das Wasser muss völlig bakterienfrei sein, sehr mineralarm und leicht sauer. Aber natürlich gibt es auch hier wieder Ausnahmen – Salmler, die nicht im Schwarm gehalten werden müssen, die keine Fettflosse haben und Salmler, die man relativ leicht und ohne Schwierigkeiten züchten kann!

Je größer der Schwarm, desto besser wirken sie: Rote Neon oder Neonsalmler.

DER ROTE NEONSALMLER *(Paracheirodon axelrodi)* „Rote Neons“ gehören zu den beliebtesten Aquarienfischen. Natürlich ist die spektakuläre Färbung der Grund dafür. Als typische Schwarmfische sind Neonsalmler aber immer in Gruppen zu halten – nichts geht unter zehn Tieren. Viel schöner wirken sie aber in einem wirklich großen Schwarm – und den Fischen geht es dann sicher auch besser! Die Tiere stammen aus den Schwarzwasserbächen Amazoniens und sind dort an ganz geringe Härtegrade und an Säurewerte von 5,3 bis 5,8 angepasst. Je näher man diesen Werten kommt, desto besser dürfte es für die Fische sein. Zeitweise halten sie sich im Aquarium auch bei pH-Werten bis 7,8 und Härten bis 20. Nach wenigen Monaten sterben solche Fische aber an Nierenversagen. Halten Sie sich an die Werte in der Tabelle! (👁 S. 32)

Wer weniger anspruchsvolle Neonfische halten möchte, sollte *Paracheirodon innesi*, den normalen Neonsalmler, nehmen. Diese Fischchen sind ebenfalls mit den wunderschönen Leuchtfarben ausgestattet, ihre Rotfärbung beschränkt sich aber nur auf die hintere Hälfte ihres Körpers. Sie vertragen ziemlich harte und basische Wasserwerte; aber natürlich sollten wir ihnen das nicht zumuten. Auch sollten Sie sie nicht bei zu hohen Temperaturen pflegen – mehr als 24 °C wäre auf Dauer zu viel!

Schmerlen und Dorngrundeln

Dies sind gesellige Grundfische mit unterständigem Maul. Sie sind in ganz Eurasien

Friedliche, aber sehr attraktive Fische: Schachbrettschmerlen.

verbreitet. Die auffallende Färbung vieler Arten ist im Zusammenhang mit ihren Dornen als Warnsignal zu verstehen. Reiher, Eisvögel oder andere Fischjäger lernen so sehr schnell, die stacheligen Gesellen zu meiden. Besonders auffallend gezeichnet sind die aus Südostasien stammenden Schmerlen der Gattung *Acanthophthalmus*. Die dämmerungsaktiven, wurmförmigen Fische lieben es, sich in den Bodengrund einzugraben. Die Augen sind zum Schutz gegen Verletzungen beim Wühlen im Boden von einer durchsichtigen Haut überwachsen.

Die Schmerlen der Gattung *Botia* sind torpedoförmige, schnelle Schwimmer. Sie werden häufig gekauft, denn es sind oft sehr ansprechend gezeichnete Tiere. Die Schmerlen lieben es, tagsüber in einer Höhle oder in einem dunklen Unterstand zu ruhen. Diese Deckung spendenden Orte werden dann auch hartnäckig als Revier gegen Artgenossen verteidigt. So kommt es, dass viele Arten als zänkisch verschrieen sind. Diese Streitereien sind jedoch harmlos, solange Sie dafür sorgen, dass jedes Tier einen eigenen Unterstand findet, der ausreichend weit von dem der Artgenossen entfernt ist. Meist kommt es erst zu Problemen, wenn man die Schmerlen einzeln hält. Dann können sie in der Tat anderen Mitbewohnern lästig werden.

SCHACHBRETTSCHMERLE *(Yasuhikotakia sidthimunki)*.Schmerlen sind in aller Regel keine typischen Schwarmfische, auch wenn sie im Freiwasser gelegentlich im Schwarm angetroffen werden. Eine Ausnahme sind in dieser Hinsicht die relativ klein bleibenden Schachbrettschmerlen *(Yasuhikotakia sidthimunki)*. Sie sind ausgesprochen friedlich und auch im Aquarium schließen sie sich gern im schwarmartigen Verband zusammen. Leider wird man nicht häufig das Glück haben, diese Fischchen zu bekommen.

Welse

Welse sind Außenseiter unter den Aquarienfischen. Es sind weitgehend dämmerungsaktive und farblich wenig auffallende Bodenfische, aber ihre oft possierliche Art und ihr manchmal auch skurriles Wesen sichern ihnen viele Freunde unter den Aquarianern. Typisches Merkmal der Welse sind bartartige Hautfäden im Maulbereich, die vorwiegend zum Ertasten und Erschmecken der Beute dienen. Bei der Nahrungssuche orientieren sich die Fische meist mehr mit ihren Barteln als mit den Augen.

Es ist kaum möglich, zum Verhalten der Welse allgemeine Aussagen zu machen. Unter ihnen gibt es sowohl Einzelgänger als auch Schwarmfische, harmlose Pflanzenfresser, aber auch große Raubfische. Für verhaltenskundlich Interessierte gibt es gerade hier noch viel zu entdecken! Besonders das Fortpflanzungsverhalten der Welse kann sehr variabel und hochentwickelt sein.

PANZERWELSE *(Corydoras-Arten)*

Die kleinen und auch tagsüber angenehm aktiven Panzerwelse aus dem Amazonasgebiet sollten in keinem Gesellschaftsaquarium fehlen. Sie lieben jedoch die Gesellschaft von ihresgleichen und Sie sollten sich schon mindestens fünf von diesen possierlichen Bodenwühlern zulegen. Sie müssen allerdings alle von einer einzigen Art sein – eine zusammengewürfelte Gruppe ist nicht so schön und vor allem für die Welse nicht passend.

Trotz ihrer Anspruchslosigkeit haben aber auch diese Fischchen Bedürfnisse, auf die wir einzugehen haben: Panzerwelse brauchen sandigen Boden, keinen groben oder gar scharfkantigen Kies, der ihre Barteln aufscheuern würde. Und Sie sollten darauf achten, dass unsere Welse auch wirklich ausreichend Futter bekommen. Sie fressen zwar Futter, das zu Boden gefallen ist – aber als „Abfallfresser" können sie nicht existieren! Panzerwelse bewohnen meistens Fließgewässer. In den regenärmeren Monaten können sie aber in Resttümpeln vom Flüsschen abgeschnitten sein und müssen dann mit recht sauerstoffarmem Wasser vorlieb nehmen. Trotzdem behaupten sich die Fische auch unter diesen Bedingungen. Sie atmen atmosphärische Luft, die sie mit dem Maul aufnehmen und dann durch den Darm pas-

Ein blauer Antennenwels *(Ancistrus aff. dolichopterus)*, gehört zu den Antennen-Harnischwelsen.

Auch diese Leoparden-Panzerwelse wirken im Schwarm am besten.

sieren lassen, wobei der lebensnotwendige Sauerstoff entzogen wird. Diese Darmatmung kann man auch im Aquarium regelmäßig beobachten.
Unter den Panzerwelsen gibt es auch Arten, die man getrost als schwierig in der Haltung und Pflege bezeichnen kann. Daher seien für den Anfang die Marmorierten Panzerwelse *(Corydoras paleatus)*, der Metallpanzerwels *(C. aeneus)* und der Pandapanzerwels *(C. panda)* empfohlen.

BRATPFANNENWELS *(Dysichthys coracoideus)*
Die früher als *Bunocephalus* bezeichneten Bratpfannenwelse werden immer wieder mal von den Zoofachhändlern angeboten. Sie liegen fast immer träge auf dem Boden oder halb eingegraben in feinem Bodengrund. Wenn es Futter gibt, können sie aber urplötzlich munter werden! Bratpfannenwelse wirken in erster Linie durch ihre bizarre Gestalt. Bratpfannenwelse sind anspruchslose Fische. Sie brauchen allerdings klares und leicht bewegtes Wasser. Als Nahrung nehmen sie gern Wurmfutter wie Tubifex, noch lieber kleine Regenwürmer. Dann zeigen sie, wie riesig ihr Maul wirklich ist und was alles in ihr Bäuchlein hineinpasst! Aber auch anderes Lebend- und Gefrierfutter sowie Futtertabletten werden gerne genommen.
Von ihren Mitbewohnern werden die fast immer ruhig liegenden Welse zumeist gar nicht registriert. Andererseits sind ausgesprochen kleine Fische, speziell Jungfische, die nachts am Boden ruhen, vor unseren nachtaktiven Welsen nicht sicher!

Zahnkarpfen

Sicher gibt es nur wenige Fischgruppen, die so farbige Fische wie die Zahnkarpfen aufweisen. Gleichzeitig gibt es unter ihnen aber auch besonders genügsame Arten, die zudem den Vorteil haben, sich leicht zu vermehren.
Bei den Zahnkarpfen unterscheidet man die lebend gebärenden Zahnkarpfen und die eierlegenden. Lebend gebärende Zahnkarpfen

Verschiedene Arten von Lebendgebärenden Zahnkarpfen.

sind bei den Aquarianern altbekannt. Der Schwertträger, der Black Molly und der Guppy gehören dazu. Seltener sieht man in Aquarien eierlegende Zahnkarpfen. Diese oft auch als Killifische bezeichneten *Cyprinodontidae* stellen einige der buntesten Aquarienfische. Es sind derzeit 54 Gattungen mit zusammen etwa 500 Arten bekannt, von denen die überwiegende Mehrzahl aus dem tropischen Amerika und aus Afrika kommt.
Bei den eierlegenden Zahnkarpfen unterscheidet man nach dem Ablaichverhalten Pflanzen- und Bodenlaicher. Einige der Bodenlaicher begnügen sich nicht, ihren Laich auf dem Bodengrund abzugeben. Sie tauchen in den morastigen Bodengrund ihrer Heimatgewässer regelrecht ein und legen ihre Eier dort in der Tiefe ab. Eine Erklärung für dieses Verhalten ergibt sich vor allem aus der Tatsache, dass diese Gewässer in der Trockenzeit mehr oder weniger regelmäßig austrocknen. Die Altfische sterben ab, während die Eier im Bodengrund überdauern. Wegen ihrer nur sehr kurzen Lebenszeit spricht man auch von „Saisonfischen“. Das Alter ist erblich festgelegt, denn auch unter Aquarienbedingungen werden diese Fische kaum älter als ein Jahr.
Lebend gebärende Zahnkarpfen sind in Mittelamerika und im Norden Südamerikas zu

Hause. Gewöhnlich trifft man sie in lockeren Schwärmen an. Die Männchen sind meist kleiner als ihre Weibchen und an ihrer zu einem Begattungsorgan umgebauten Afterflosse unschwer zu erkennen. Bei diesen Fischen muss also innere Befruchtung stattfinden. Oft genügt eine einzige Begattung für lange Zeit, denn die Weibchen können die Spermien in ihrem Körper speichern und dann bei Bedarf zur Befruchtung der heranreifenden Eier verwenden. Die Jungfische kommen voll ausgebildet zur Welt und begeben sich sofort selbstständig auf die Nahrungssuche. Allerdings stellen die Eltern, wie natürlich auch die anderen Bewohner eines Gesellschaftsbeckens, den Kleinen oft nach, so dass es in den meisten Fällen ratsam ist, die Jungfische durch Herausfangen zu retten und gesondert aufzuziehen. Wenn Ihr Gesellschaftsaquarium jedoch gut bepflanzt ist und wenn eine dicke Schwimmpflanzendecke vorhanden ist, kommen aber auch in Gegenwart anderer Fischarten einige kleine Guppies oder Schwertträger hoch.

PLATY *(Xiphophorus maculatus)* In mittelhartem und hartem Wasser fühlen sich die lebhaften Platies wohl. Es gibt sie in allen möglichen Farbformen – in knallrot, gelblich und mit großen Schwarzanteilen. Daher sind sie ideale Fische, die nicht nur Leben, sondern auch Farbe ins Becken bringen. Darüber hinaus sind sie sehr anspruchslos und völlig harmlos gegenüber ihren Mitbewohnern. Platies gehören zu den lebend gebärenden Zahnkarpfen. Die Jungen entwickeln sich bereits im Körper der Mutter und werden vollständig entwickelt geboren. Das bedeutet, dass bei diesen Fischen die Eier bereits im Körper der Mutter befruchtet werden müssen; dass also eine Begattung stattfinden muss. Die Männchen sind sofort an der schlanken, zugespitzten Afterflosse zu erkennen, dem Gonopodium. Es dient als Begattungsorgan. Auch im Gesellschaftsaquarium werden häufig Jungfische groß, vor allem, wenn eine Schwimmpflanzendecke vorhanden ist. Schon mit drei bis vier Monaten können Platies zuchtfähig sein.

GUPPY *(Poecilia reticulata)* Auch Nichtaquarianer haben meist vom Guppy, dem Millionenfisch, schon gehört. Das Fischchen ist nach dem Rev. Robert Guppy benannt, der 1866 einige Exemplare an den Fischexperten Günther zur Bestimmung geschickt hatte.

Guppys gibt es in den verschiedensten Zuchtformen.

Die weiblichen Guppies sind nicht sonderlich auffallend, aber die kleineren Männchen sind wirklich in allen Farben des Regenbogens geschmückt. So hatten schon die Wildguppies die Aquarianer der ersten Stunde begeistert. Bald hatten sie aus den pflegeleichten und leicht zu vermehrenden Fischchen größere und noch weit farbenprächtigere Tiere mit schleierartigen Flossenbehängen gezüchtet. Selbst die Guppyweibchen unserer Zuchtrassen sind vielfach lange nicht mehr so unscheinbar wie die Wildform.
Die ursprüngliche Heimat dieser Fische ist der Norden Venezuelas und die benachbarten Inseln im Süden des Karibischen Meeres. Als eifrige Vertilger von Moskitolarven und damit als Malariabekämpfer wurden die Guppies inzwischen aber in vielen Teilen der Tropen ausgesetzt. Aber sicher haben auch Aquarianer dabei mitgewirkt, dass Guppies jetzt nicht nur in Südamerika, sondern auch vielerorts in Südostasien anzutreffen sind. Selbst in der Regenwasserkanalisation der Stadt Kutsching in Borneo habe ich sie in Massen gefangen. Heute ist die Guppyzucht beliebtes Hobby sowohl bei den Jungaquarianern, die ihre ersten Aquarienfische züchten, als auch bei den Spezialisten, die sich als echte Profis intensiv mit der Guppyhochzucht beschäftigen. Durch immerwährende kritische Auslese der Nachzuchttiere werden Hochzuchtrassen erhalten und neue Formen

Der gebänderte Prachtkärpfling stammt ursprünglich aus Westafrika.

herangezüchtet. Auf internationalen Ausstellungen werden die besten und attraktivsten Zuchtformen vorgestellt und ausgezeichnet. Auch wenn Sie keine Preise mit Hochzuchtguppies erringen wollen, Sie sollten auch Ihren Guppies die bestmöglichen Pflegebedingungen zukommen lassen. Dazu gehört der regelmäßige Wasserwechsel, ein gut bepflanztes, ausreichend helles Aquarium und natürlich friedliche Mitbewohner. Viel Freude bereiten Guppies auch im Artbecken (S. 36)! Nebenbei bemerkt: Unter den Wildguppies, aber auch unter den Hochzuchtrassen, gibt es Formen, die in der Haltung und Zucht alles andere als einfach sind.

GEBÄNDERTE PRACHTKÄRPFLINGE

(Aphyosemion bitaeniatum) Heimat der gebänderten Prachtkärpflinge sind die Küstengebiete Westafrikas von Togo und Benin bis zur Nigermündung in Nigeria. Hier leben sie in kleinsten Tümpeln. Die Männchen erreichen eine Maximallänge von gut 4 cm, ausnahmsweise auch Größen bis zu 5 cm. Die Weibchen bleiben gut 1 cm kleiner. Die ansprechende Prachtfärbung der Männchen mit den Orange- und Goldtönen, den stahlblauen Körperzonen und der dunklen Musterung im Kopfbereich kann am besten ein Farbbild verdeutlichen.

Prachtkärpflinge halten sich vorzugsweise im Bereich der Wasseroberfläche auf. Sie benötigen für Tropenfische vergleichsweise niedrige Temperaturen (21–24 °C) und neutrales, möglichst nicht zu hartes Wasser. Zur Vergesellschaftung eignen sich andere kleine Friedfische mit vergleichbaren Wasseransprüchen. Ein schwer wiegendes Problem bei der Haltung dieser Fische gibt es aber doch noch: Wenn Sie nicht die Möglichkeit haben, Ihren Prachtkärpflingen regelmäßig auch Lebendfutter (Wasserflöhe oder entsprechendes) zu besorgen, dürfen Sie sich die Tiere nicht anschaffen!

Die Zucht der Prachtkärpflinge ist nicht aufwendig. Die Fische laichen vorzugsweise an zarten Pflanzen in Bodennähe ab. Gern laichen sie in und an Moospolstern des Javamooses. Wenn kein entsprechendes Laichsubstrat angeboten wird, wird ersatzweise auch im Torf abgelaicht. Nach dem Ablaichen sollte man das Laichsubstrat mit den anheftenden Laichkörnern in ein gesondertes Aufzuchtbecken überführen. Die Jungen schlüpfen je nach Temperatur nach 2–3 Wochen. Bei häufigem Wasserwechsel ist die Aufzucht nicht schwer – wenn die Jungen „gut im Futter stehen", wachsen sie schnell zu schönen Prachtkärpflingen heran.

SOLUTIONFINDER

▶ AUSGANGSWERTE	▶ WAHLMÖGLICHKEIT	▶ KOMMENTAR
Weiche, leicht saure Wasserwerte (5 – 9 °dGH, pH 6 – 7) Die Wasserwerte unseres Haushaltswassers sind oft wichtig für unsere Entscheidungen. Oft reicht ein Anruf beim zuständigen Wasserwerk!	**Weichwasserfische**	Fast immer ist Wasseraufbereitung und regelmäßige Überprüfung nötig! Viele Fische aus den tropischen Regenwäldern brauchen diese Wasserwerte.
Mittelharte bis ziemlich harte, neutrale Wasserwerte (9 – 18 °dGH, pH um 7)	**Besonders geeignete Aquarienfische**	Wasser, das vielerorts in der Leitung ist. Meist für Arten, die schon seit Generationen in Aquarien gehalten und gezüchtet werden. Auch viele Regenwaldfische gehören dazu – zur Zucht bevorzugen sie aber immer noch weichere Wasserwerte.
Harte bis sehr harte und neutrale bis basische Wasserwerte (19 – 30 °dGH, pH 7 bis 8,5)	**Hartwasserfische**	Leitungswasser in kalkreichen Gebieten. Eignet sich für ostafrikanische Cichliden, australische Regenbogenfische und für Tiere, die gelegentlich auch ins Brackwasser gehen (einige Zahnkarpfen, Schützenfische, Argus).
Fischbesatz	**Arten-Zusammensetzung**	Voraussetzungen: Deckungsgleiche Ansprüche im Hinblick auf das Wasser (Temperatur, chemische Werte, Strömung). Auch wichtig: die Fische sollen im Hinblick auf die Größe (auch auf die zu erwartende Größe!), das Verhalten (friedfertig?) und die Futteransprüche (Nur-Lebendfutter-Fresser?) zueinander passen.
	Zahl	Faustregel: auf 1 Liter Aquarienwasser nicht mehr als 1 cm Fisch! Ein 100 Liter Aquarium kann also 20 Fische von je 5 cm Länge aufnehmen. Schwarmfische nur in größeren artgleichen Verbänden, bei Revierfischen ist Fingerspitzengefühl und Erfahrung erforderlich – die Portraits geben Tipps!

DER OPTIMALE FISCHBESATZ

▶ AUSGANGSWERTE	▶ WAHLMÖGLICHKEIT	▶ KOMMENTAR
Aquariengröße etwa 50 Liter Die Größe wird am einfachsten als Literzahl angegeben. Berechnung: Höhe x Länge x Breite (in cm), geteilt durch 1000	**Artaquarium** **(👁 S. 36)**	In dieser Größe für viele kleinere Arten ideal, wenn besondere Ansprüche (Wasser, Futter) erfüllt werden sollen. Schön eingerichtetes Kleinbecken für nur eine Art. Für viele „Anfänger" problematisch, da sie meist mehr Abwechslung bevorzugen!
	Artenaquarium **(👁 S. 39)**	Gut für Killifische und einige andere Fischgruppen – auch eher für Spezialisten.
	Zuchtbecken	Für kleinere Arten geeignet, z. T. mit Boden und Pflanzen eingerichtet (Labyrinthfische, viele Welse und Zwergbuntbarsche) – dann mit einem Artaquarium gleichzusetzen, teilweise auch steril (Salmler, empfindliche Karpfenfische). Für Spezialisten sehr zu empfehlen.
Aquariengröße ab etwa 100 Liter	**Gesellschaftsaquarium** **(👁 S. 40)**	Kombination von Fischen, die sich vertragen und weitgehend gleiche Ansprüche an Temperatur und die weiteren Wasserwerte stellen. Am besten werden typische Bodenfische (Apistogramma, Corydoras) mit Fischen mittlerer Wasserzonen (Hemigrammus und viele andere Salmler) mit Oberflächenfischen (viele Zahnkarpfen, Labyrinthfische) zusammengesetzt, da sie sich wenig ins Gehege kommen. Der häufigste Aquarientyp! Zimmerschmuck!
	Biotopaquarium **(👁 S. 44)**	Zusätzlich zu den Gesichtspunkten, die für das Gesellschaftsaquarium gelten: Die Bewohner (also auch die Pflanzen) sollten in einem gemeinsamen Gebiet beheimatet sein (Kontinent, Flusssystem, Bachabschnitt).

DAS AQUARIUM

Die Aquarientypen

Die meisten Aquarianer wünschen sich ein dekorativ eingerichtetes Pflanzenbecken mit verschiedenen farbenfrohen Fischen, ein so genanntes Gesellschaftsaquarium. Aber es gibt auch andere Möglichkeiten und andere Aquarientypen.

Das Artaquarium

Im Artaquarium bringt man nur Fische einer einzigen Art unter. Das hat viele Vorteile. Empfindliche oder anspruchsvolle Fische können sich hier ungestört durch artfremde Konkurrenten entfalten. In vielen Fällen lassen sie uns Einblick in ihr Leben nehmen, wie es anderswo nicht möglich wäre. So werden wir dafür entschädigt, dass wir uns beim Betrachten der Fische auf eine einzige Art beschränken müssen. In solchen Aquarien kommen auch immer wieder Jungfischchen hoch, ohne dass Sie dabei sehr viel zu tun hätten.

GUPPIES IM ARTAQUARIUM

Für ein Artaquarium mit Guppies genügt bereits ein kleines 40-Liter Aquarium. Sie sollten es gut und abwechslungsreich bepflanzen und die Pflanzen sollten bis zur Wasseroberfläche reichen. Oder Sie nehmen einen Sumatrafarn als Schwimmpflanze. Da muss natürlich immer wieder ausgedünnt werden, denn bei guter Beleuchtung – und die brauchen Sie – wachsen die Pflanzen schnell und gut. Keine Angst, Guppy-Aquarien sind vor Veralgung weitestgehend geschützt. Die kleinen Zahnkarpfen sorgen durch ständiges Abweiden dafür, dass Algen keine Chance haben. Auf einen Filter können Sie hier gut auch verzichten.
Besorgen Sie sich bei einem kleinen Aquarium zunächst nur ein Weibchen und ein Männchen, das Ihnen besonders gut gefällt. Sie können die beiden getrost Adam und Eva taufen, denn sie werden die Stammeltern

Ein dicht bepflanztes Gesellschaftsaquarium – der Wunsch vieler Aquarianer.

Auch Guppys kann man im Artaquarium halten.

ihrer Guppy-Population. Wenn Sie richtig füttern – nicht zu wenig und vor allem nicht zu viel! – werden Sie bald winzige Jungguppys zwischen den Pflanzen im Oberflächenbereich sehen. Natürlich kann man kleine Guppies auch mit fein zerriebenem Trockenfutter aufziehen, die meisten Leute machen das so. Wenn Sie den Kleinen aber etwas Gutes tun wollen, fragen Sie Ihren Zoofachhändler nach einem Brut-Set für Salinenkrebschen. Frisch geschlüpfte Salinenkrebse *(Artemia salina)* sind ein ideales Aufzuchtfutter für die kleinen Guppies. Auch die Eltern fressen gerne mit und lassen dann ihre Kinder in Ruhe! – Ein Vorschlag für die Bepflanzung: Sumpfschrauben *(Vallisneria)* und Indischer Wasserfreund *(Hygrophila)*, als Schwimmpflanzen Sumatrafarn oder Riccia.

Guppies sind nicht nur Anfängerfische! Wer sich intensiv mit der Guppy-Hochzucht beschäftigt – also mit der Heranbildung ganz spezieller Zuchtformen – muss schon ein Könner sein. Nur die Tiere, die dem Zuchtziel am nächsten kommen, dürfen dann zur Weiterzucht benutzt werden. Und man muss wissen, dass ein einmal befruchtetes Weibchen die Samen und damit die Erbanlagen für die kommende Generation schon wochen- oder monatelang in seinem Körper tragen kann! Ihr „Adam" muss daher nicht unbedingt der alleinige Stammvater Ihrer Jungguppies sein!

Auch Regenbogenfische sind ideal für ein Artaquarium geeignet.

WEITERE BEISPIELE FÜR ARTAQUARIEN

Alle Fische kann man im Artaquarium halten. Besonders sinnvoll ist das natürlich, wenn man sie züchten will, ja, in den meisten Fällen ist der Fischzüchter darauf angewiesen, seine Zuchttiere getrennt von den Mitfischen anzusetzen – das gilt selbst für die meisten Schwarmfische.

Regenbogenfische – speziell die kleiner bleibenden Arten – und die Blauaugen sind ausgezeichnet für die Haltung im Artbecken geeignet. In dicht bepflanzten Aquarien werden immer wieder kleine Regenbogenfische groß – Sie sollten allerdings nicht die Fütterung mit Salinenkrebschen vergessen! Die Größe eines derartigen Artaquariums ist wie immer eine Gewissensfrage – je größer, desto besser. Dasselbe gilt auch für die Zahl der Bewohner – Regenbogenfische leben gern im Schwarm. Andererseits sind sie untereinander so ausgesprochen friedfertig, dass man hier guten Gewissens eine Ausnahme von der Zehner-Regel machen kann.

Auch sechs artgleiche Blauaugen oder Regenbogenfische sind geeignet. Die Mindestgröße des Aquariums hängt dann von der zu erwartenden Endgröße der Fische ab. Eine grobe Beispielrechnung: Sie wünschen sich Zwergregenbogenfische *(Melanotaenia maccullochi)*. Sie lesen im Buch oder erfahren vom Zoofachhändler, dass diese Tiere etwa 7 cm groß werden. Dann rechnen Sie für jeden Fischzentimeter einen Liter Wasser, hier also erwartete Fischlänge 7 x Fischzahl 6 = 42. Sie brauchen also ein 42-Liter Aquarium – keine Frage, Sie werden sicher noch ein paar Liter zurechnen, denn Sie rechnen doch mit Nachwuchs, oder? Ein 50-Liter Aquarium wäre schon angebracht und außerdem ein Filter, denn Regenbogenfische lieben Strömung!

Ein typisches Artenaquarium für Malawibuntbarsche.

Das Artenaquarium

Manchmal erscheint es sinnvoll und schön, Fische nahe verwandter Arten miteinander in einem Artenaquarium zu halten. In den meisten Fällen ist das jedoch nicht einfach, denn nahe verwandte Arten konkurrieren oft miteinander. Artenaquarien müssen daher groß sein! Es gibt jedoch einige Fischgruppen, die sich gut im Artenaquarium halten lassen und deren spezielle Bedürfnisse man leichter erfüllen kann. Dazu gehören die Regenbogenfische, *Aphyosemion*-Arten und die *Cichliden* aus dem Malawi-See.

EIN ARTENAQUARIUM FÜR MALAWI-BUNTBARSCHE

Die ostafrikanischen Buntbarsche aus dem Malawisee werden oft auch als die „Korallenfische des Süßwassers“ bezeichnet. Viele Arten sind ausgesprochen farbenprächtig und als Maulbrüter nicht allzu aggressiv, denn sie errichten nur für kurze Zeit Reviere. Ein Cichlidenbecken mit Malawi-Buntbarschen soll grundsätzlich mit vielen Steinen und Höhlen ausgestattet werden. Bei der Auswahl der Steine kann in diesem Fall auch kalkhaltiges Material gewählt werden, eine Aufhärtung des Wassers ist nicht von Nachteil. Je mehr Steinaufbauten und Höhlen Sie schaffen können, desto besser ist es. Am besten ziehen Sie entlang der Rückwand und entlang einer der Seitenwände eine mit Höhlen und Spalten durchsetzte Steinfassade hoch, die Sie aber durch Kleben mit Silikonkleber stabilisieren sollten. Beim Bau der Höhlen gilt es zu beachten, dass sie untereinander möglichst nicht zu sehr zusammenhängen. Die Fische sind verunsichert, wenn sie aus jeder Richtung Angriffe befürchten müssen.

Ein schön mit Pflanzengruppen und Felsen bestücktes Malawibecken.

TIPP

Eine gute Kombination ist beispielsweise: Blauer Malawisee-Buntbarsch *(Pseudotropheus zebra)*, Gelber Maulbrüter *(Pseudotropheus tropheops)*, Türkisgoldbarsch *(Melanochromis auratus)*, Gestreckter Schabemundmaulbrüter *(Labeotropheus trewawasae)*. Gut eignen sich aber auch die Arten Lombardoi-Maulbrüter *(Pseudotropheus lombardoi)*, Kobaltorangebarsch *(Melanochromis johannii)*, Perle von Likoma *(Melanochromis joanjohnsonae)* und Schwarz-Weißer Maulbrüter *(Melanochromis parallelus)*.

Im Malawisee gibt es außer Algen kaum Pflanzen. Bei der Bepflanzung des Beckens können Sie – wieder einmal – guten Gewissens geographische Gesichtspunkte außer Acht lassen. Auf jeden Fall werden relativ hartblättrige Pflanzen benötigt, damit sie von den Fischen weitgehend verschont werden. Für die Rückwand eignet sich besonders der Javafarn. An weiteren Pflanzen könnten Sie *Cryptocorynen, Vallisnerien, Ceratophyllum* oder Speerblatt *(Anubias)* nehmen.

Die Temperatur stellen Sie auf 25 °C ein. Das Wasser sollte im basischen Bereich liegen (pH 7,5–8,5) und mittelhart bis hart sein (10 bis 20 °GH, eventuell auch härter). Das sind Wasserwerte, die für den Aquarianer meist ganz erfreulich sind, denn bei den meisten fließt Wasser dieser Qualität aus der Wasserleitung.

Wenn Ihr Aquarium durch Steine und eventuell zusätzlich durch Pflanzen gut gegliedert ist, können Sie in ein passend eingerichtetes 200-Liter Aquarium vier Männchen verschiedener Arten einsetzen, dazu jeweils drei Weibchen.

Das Gesellschaftsaquarium

Die Mehrzahl der Aquarianer ziehen Gesellschaftsaquarien vor. Sie gestalten sie mit Pflanzen und Fischen aus aller Welt. Hauptsache ist, dass die so zusammengestellte

Ein Gesellschaftsaquarium mit Südamerikanischen Fischen.

Gesellschaft von ihren Ansprüchen her zusammenpasst. Das bedeutet, dass die Fische durchaus aus verschiedenen Regionen der Welt kommen dürfen. Sie müssen jedoch im Hinblick auf die Wassertemperaturen und die anderen Wasserwerte, im Hinblick auf ihre Größe und Zahl harmonieren.

TIPP

Besatz (100-Liter-Aquarium)

3 Honigfadenfische *(Colisa chuna)*, besser ein Paar
10 Kardinalfische *(Tanichthys albonubes)*
5 Pandapanzerwelse *(Corydoras panda)*
3 Guppies *(Poecilia reticulata)*, ein Weibchen, zwei Männchen

UNPROBLEMATISCHE FISCHE AUS ALLER WELT (100-LITER AQUARIUM)

Suchen Sie für Ihr 100-Liter Aquarium unproblematische Fische, die lebhaft und interessant sind? Ihre Wasserwerte liegen im Bereich zwischen 10–18 GH und bei einem neutralen oder leicht alkalischen pH-Wert? Dann stellen Sie Ihre Temperatur auf 23 bis 24 °C ein.

Vermutlich werden Sie die oben im „Tipp" empfohlenen Fische nicht immer auf Anhieb bekommen, auch wenn die hier angegebenen

INFO

Gesamthärte-Tabelle

Sehr weiches Wasser	0–4 °dGH
Weiches Wasser	5–8 °dGH
Mittelhartes Wasser	9–12 °dGH
Ziemlich hartes Wasser	13–18 °dGH
Hartes Wasser	19–30 °dGH
Sehr hartes Wasser	über 30 °dGH

nicht ausgefallen sind. Ich gebe daher für jede der Arten Ersatz an. Anstelle der Honigfadenfische eignen sich Spitzschwanzmakropoden *(Pseudosphromenus-Arten)*, Knurrende Guramis *(Trichopsis-Arten)* oder Zwergfadenfische *(Colisa lalia)*. Als „Ersatz“ für die Kardinalfische könnten kleinbleibende *Brachydanio-* oder *Rasbora*-Arten ausgewählt werden. Die Pandapanzerwelse sind auch durch andere wenig komplizierte *Corydoras*-Arten wie *C. aeneus* oder *C. paleatus* zu ersetzen und anstelle der Guppies würden sich auch Platies eignen.
Auch bei der Bepflanzung können wir praktische und dekorative Gesichtspunkte in den Vordergrund stellen. Gut eignen sich hier pflegeleichte *Vallisnerien, Cryptocoryne affinis*, Indischer Wasserfreund *(Hygrophila polysperma)* und als Solitärpflanze eine Amazonas-Schwertpflanze *(Echinodorus)*.

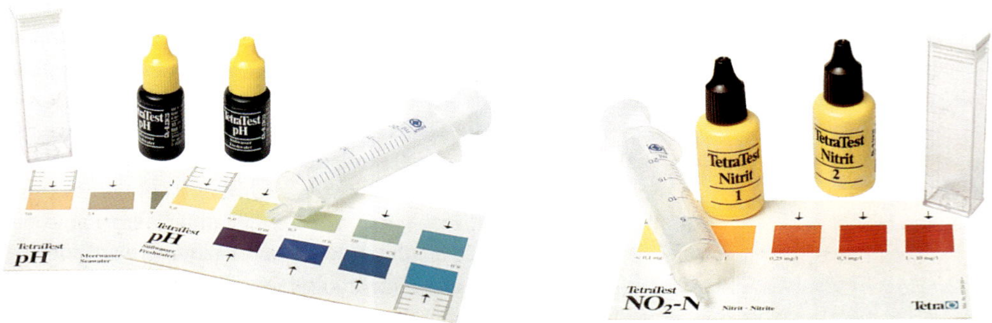

Leicht zu bedienende Reagenzien zur Ermittlung der Wasserwerte.

Gesellschaftsaquarium mit Segelflossern und Salmlern.

TIPP

Besatz (200-Liter-Aquarium)

2 Halbbinden-Rotbrustbuntbarsche *(Laetacara dorsigera)*
10 Rote Neonsalmler *(Paracheirodon axelrodi)*
10 Marmorierte Beilbauchfische *(Carnegiella strigata)*
10 Längsbandziersalmler *(Nannostomus beckfordi)*
6 Pandapanzerwelse *(Corydoras panda)*

AQUARIUM FÜR WEICHWASSERFISCHE

Hier bieten sich als Alternativen für die Rotbrustbuntbarsche ein Paar Tüpfelbuntbarsche an oder Zwergbuntbarsche aus der Gattung *Apistogramma* wie der Agassiz´ Zwergbuntbarsch oder der Kakadu-Zwergbuntbarsch *(Apistogramma cacatuoides)*. Anstelle der Roten Neon können auch einfache Neon oder Glühlichtsalmler gewählt werden und

Dichten und abwechslungsreichen Pflanzenbewuchs findet man im Naturbiotop selten.

INFO

Berechnung des Aquarien-Inhalts
Wie viel Liter fasst unser Aquarium? Rechnen Sie Länge mal Breite mal Höhe (in cm) und teilen Sie das Ergebnis durch 1000! Beispiel: Ein Becken mit den Maßen 100 x 40 x 50 cm hat ein Fassungsvermögen von 200 Litern.

auch bei den anderen Vorschlägen bieten sich Alternativen aus den jeweiligen Gattungen an. Auch hier können Sie sich gut an den Porträts orientieren und selbst passende Kombinationen erstellen. Als Bepflanzung empfehlen sich hier *Echinodorus*-Arten, die zierlichen Haarnixen *(Cabombas)*, Papageienblatt *(Altheranthera)* und Brasilianisches Tausendblatt *(Myriophyllum aquaticum)*.

Das Biotopaquarium

Einige Aquarianer versuchen, einen bestimmten Lebensraum möglichst naturgetreu nachzubilden, beispielsweise einen siamesischen Reissumpf oder ein Amazonasufer. Hierzu werden natürlich strenge Maßstäbe an die Herkunft der Pflanzen und Fische gesetzt. Wer allerdings selbst mal die Tropengewässer vor Ort gesehen hat, ist meistens desillusio-

Am Fundort des gebänderten Kampffisches auf Borneo.

INFO

Wasserhärte
Die meisten Tropenfische bevorzugen weiches Wasser. Ausnahmen sind einige afrikanische Buntbarsche, viele Ährenfische und manche lebend gebärende Zahnkarpfen. Sie ziehen ziemlich hartes bzw. hartes Wasser vor!

niert. Nur wenige Biotope eignen sich als Vorbild für eine Aquarieneinrichtung. Und die gemeinsame Herkunft von Pflanzen und verschiedenen Fischarten ist noch lange keine Garantie dafür, dass die Lebewesen auch auf dem ja doch relativ knappen Raum eines Aquariums harmonisieren.
Ein Beispiel für Fische, die nach dem Gesichtspunkt gemeinsamer Herkunft zusammengestellt wurden, stellte ich bereits beim „Malawisee-Becken" (S. 40) vor.

Auch das als 200-Liter Gesellschaftsaquarium (S. 42) vorgestellte Becken war eigentlich schon ein Biotopaquarium im weitesten Sinne. Alle dort empfohlenen Fische und Pflanzen stammen aus dem südamerikanischen Raum. Dekorieren Sie das Aquarium mit Kienholzwurzeln und Sie haben eine idealtypische Unterwasserlandschaft Amazoniens nachgestaltet.

CHECKLISTE

Empfehlenswerte Pflanzen, die sich besonders für den Erstbesatz eignen

GRUNDSTÄNDIGE PFLANZEN

- Javafarn – braucht wenig Licht, am besten an Wurzel befestigen
- Amazonaspflanzen – dekorativ, brauchen ausreichend Licht. Große Amazonaspflanzen wie die Schwarze Amazonas sind ideale Solitärpflanzen.
- Vallisnerie – sehr genügsam, bildet bald viele Bodenausläufer
- Pfeilkraut *(Sagittaria)* – anspruchslos und vermehrungsfreudig
- Wasserkelch – es gibt sehr viele Arten, darunter sehr schöne und genügsame wie *Cryptocoryne affinis*. Vom Händler beraten lassen!

STÄNGELPFLANZEN

- Ludwigien – an hellen Ort pflanzen!
- Wasserfreunde (*Hygrophila*-Arten) – alle Arten bei ausreichenden Lichtmengen sehr wüchsig.
- Argentinische Wasserpest – robuste Pflanze für mittlere Temperaturen

Eimer und Schlauch – wichtig für den Wasserwechsel.

Ein abwechslungsreich mit Wasserfreund, Lotus, Vallisnerien und anderen Pflanzen eingerichtestes Aquarium.

INFO

Die Bedeutung der pH-Werte

Der stark saure Bereich (pH 0–4) ist für Pflanzen und Tiere tödlich. Für die meisten Organismen gilt das auch für den Bereich zwischen pH 4 und 5,5. Die meisten Pflanzen und Tiere aus den tropischen Regenwäldern sind an einen pH-Wert zwischen 5,5 und 6,5 angepasst. Weitgehend neutrales Wasser zwischen 6,5 und 7,5 ist für die meisten Organismen gut geeignet. An höhere pH-Werte, also an basischeres Wasser, sind nur noch vergleichsweise wenige Tropentiere angepasst. Stark basische Werte zwischen pH 10 und pH 14 sind für fast alle Fische tödlich.

Ein Filter – wichtig für Wasserbewegung und Sauerstoff.

Dekorativ wie nur wenige andere Fische – Segelflosser.

TIPP

Besatz (200-Liter-Aquarium)

6 Schmetterlingsbuntbarsche *(Papiliochromis ramirezi)*, wenn möglich 3 Paare
4 Segelflosser *(Pterophyllum scalare)*, Wild- oder Zuchtformen, wenn möglich 2 Paare
10 Schmucksalmler *(Hyphessobrycon bentosi)*
3 Antennen-Harnischwelse *(Ancistrus spec.)*

SÜDAMERIKABECKEN MIT SEGELFLOSSERN

Können Sie Ihren Fischen Wasser der folgenden Qualität bieten: dGH 5–13°, pH 6,0 bis 7,2 und haben Sie ein Becken von mindestens 200 Litern Fassungsvermögen?
Sorgen Sie für ein oder mehrere Höhlen. Die Welse werden dafür dankbar sein und uns eventuell sogar mit Nachwuchs überraschen. Hoffentlich haben Sie beim Erwerb ein Paar erhalten. Leider ist bei Jungtieren, und als solche bekommen wir sie ja im Normalfall, die Geschlechtszugehörigkeit nicht immer gut zu erkennen. Das gilt auch für die Buntbarsche, speziell für die Segelflosser. Etwas Glück braucht man auch als Aquarianer. Sollten wir keine Paare bekommen haben, ist das aber kein Beinbruch. An erfolgreiche Zucht ist in Aquarien dieses Typs ohnehin nicht zu denken. Und die Tiere sind so ausgewählt, dass Sie als Aquarianer auch keine dauerhaften oder ernsthaften Probleme bekommen werden, wenn das Glück bei der Paarzusammenstellung nicht mitgespielt hat!

Wer es genau nimmt, besetzt dieses Aquarium natürlich mit südamerikanischen Gewächsen: *Echinodorus*-Arten, Haarnixen *(Cabombas)*, Papageienblatt *(Altheranthera)* und Brasilianisches Tausendblatt *(Myriophyllum aquaticum)*.

THEMA

DIE SCHÖNSTEN AQUARIENFISCHE IM PORTRAIT

Rotschwanzährenfisch
Bedotia geayi

GRÖSSE Bis 15 cm, Weibchen kleiner.
BESCHREIBUNG Schlanker, seitlich wenig abgeflachter Fisch mit zwei Rückenflossen. Grau bis gelblich mit mehr oder weniger deutlich ausgeprägtem dunklem Längsband, das im Ursprung der abgerundeten Schwanzflosse endet. Unpaare Flossen mit Ausnahme der ersten Rückenflosse kontrastreich bunt.
VORKOMMEN Beheimatet in den Bergbächen auf Madagaskar.
TEMPERATUR 21 bis 25 °C.
PFLEGE Ein friedlicher, schwimmfreudiger Schwarmfisch, der sich aber erst für Aquarien ab 1 m Seitenlänge eignet. Mittelhartes, neutrales Wasser wird bevorzugt, allerdings ist häufigerer Wasserwechsel nötig. Ein Filter sollte für ausreichend Wasserströmung sorgen.
ERNÄHRUNG Als Oberflächenfische nehmen sie vom Boden kaum Nahrung auf. Neben Lebendfutter wird anstandslos auch Flockenfutter gefressen.
ZUCHT Am besten im Daueransatz. Die Eltern laichen zwischen feinen Pflanzen ab und stellen der Brut nicht nach.

Roter Regenbogenfisch
Glossolepis incisus

GRÖSSE Bis 16 cm
BESCHREIBUNG Im Alter hochrückiger Regenbogenfisch, ausgefärbte Männchen lachsrot. Weibchen gestreckter, gelboliv mit goldgelb schimmernden Schuppen.
VORKOMMEN Aus Neuguinea im Bereich des Sentani-Sees.
TEMPERATUR 22 bis 26 °C
PFLEGE ein ausgesprochen friedlicher Schwarmfisch, der seiner Größe entsprechend nur für Becken ab 120 cm Seitenlänge geeignet ist. Liebt mittelhartes bis hartes Wasser ab 16 dGH mit neutralen oder leicht basischen Werten. Strömungsliebend (Filter!). Ausdauernd aber langsam wachsend. Gut zu vergesellschaften mit anderen mittelgroßen, friedlichen Fischen, die entsprechende Wasserwerte bevorzugen. Braucht ausreichend freien Schwimmraum.
ERNÄHRUNG Bevorzugt Lebendfutter, ersatzweise Frostfutter, nimmt gelegentlich auch Futterflocken.
ZUCHT Ziemlich einfach, Dauerlaicher an zarten Pflanzen, z. B. Javamoos. Aufzucht der Brut zunächst mit Infusorien, später Artemien.
ANMERKUNG Entsprechendes zur Haltung gilt auch für andere Regenbogenfische aus Neuguinea.

Boesemans Regenbogenfisch
Melanotaenia boesemani

GRÖSSE Männchen bis 10 cm, Weibchen bleiben etwa 2 cm kleiner
BESCHREIBUNG Zweiteilige Rückenflosse mit kleinerem vorderen Teil. Ausgefärbte, dominante Männchen mit dunkelblauem Vorderteil und leuchtend orangegelber Hinterpartie. Weibchen unscheinbarer, ohne orange.
VORKOMMEN Aus den Ajamaru Seen in Neuguinea (Irian Jaya).
TEMPERATUR 25 bis 28 °C
PFLEGE Lebhafte, sehr friedliche Fische für den oberen Wasserteil. Gut im Gesellschaftsbecken mit Welsen, aber auch mittelgroßen Cichliden oder Barben. Bevorzugt neutrales, mittelhartes Wasser: liebt Wasserströmung (Filter!). Wichtig: Regelmäßiger Teilwasserwechsel. Verlangt viel freien Schwimmraum, aber auch eine dichtere Randbepflanzung. Schwarmfisch, der auf Grund der zu erwartenden Größe nur für Aquarien ab 100 cm Beckenlänge geeignet ist. Mindestens in Trupps zu sechst halten. Ein langlebiger und ausdauernder Fisch, der aber auch lange braucht, um sich schön auszufärben. Anfällig für Geschwüre.
ERNÄHRUNG Lebendfutter, nimmt aber auch Frostfutter und ersatzweise Trockenfutter.
ZUCHT Relativ einfach. Die Altfische laichen frei zwischen Pflanzen, Dauerlaicher.

Zwergregenbogenfisch
Melanotaenia maccullochi

GRÖSSE Bis etwa 7 cm.
BESCHREIBUNG Mit zweigeteilter Rückenflosse; silbrig mit etwa acht bräunlichen Körperlängsstreifen. Flossen mehr oder weniger rötlich. Die schlankeren Männchen sind wesentlich kräftiger gefärbt als die Weibchen.
VORKOMMEN Verbreitet in Süßgewässern im östlichen Australien
TEMPERATUR 20 bis 28 °C
PFLEGE Sehr friedlicher und ausdauernder Fisch, der es liebt, fast ständig in Bewegung zu sein. Braucht daher ausreichend Schwimmraum, aber auch stellenweise eine etwas dichtere Bepflanzung, in die er sich gern zum Ruhen, aber auch zum Ablaichen zurückzieht. Schwarmfisch! Das Wasser sollte mittelhart und neutral oder schwach basisch sein, eine Wasserbewegung (Filter!) ist erwünscht. Als Oberflächenfische gut mit kleineren bodenorientierten Fischen zu vergesellschaften, die entsprechende Wasseransprüche haben, z. B. mit Tanganjika Zwergbuntbarsch oder Tanganjika-Clown.
ERNÄHRUNG Bevorzugt Lebendfutter, nimmt aber anstandslos auch Ersatzfutter.
ZUCHT Sehr einfach. Die an kleinen Fäden hängenden Eier werden zwischen Wasserpflanzen abgelegt. Im Artbecken kommen im Daueransatz immer wieder Junge hoch, selbst wenn man die Eltern nicht herausfängt.

Punktierter Buntbarsch
Etroplus maculatus

GRÖSSE Bis 8 cm
BESCHREIBUNG Eine hochrückige, seitlich ziemlich stark abgeflachte Art mit gerade abgeschnittener Schwanzflosse und einer für Buntbarsche recht flatterigen Schwimmweise. Einige schwarze Flecken und eine Vielzahl kleiner roter Punkte an den Körperseiten. Die Geschlechter sind nur schwer zu unterscheiden.
VORKOMMEN Beheimatet in Vorderindien und Sri Lanka (Ceylon), wo die Tiere gern auch in brackiges Wasser gehen.
TEMPERATUR 22–26 °C
PFLEGE In mittelhartem und härterem Wasser unproblematischer Fisch. In weichem Wasser wäre ein Salzzusatz nötig. Im Allgemeinen pflanzenfreundlich, doch gibt es individuell Ausnahmen. Normalerweise friedlich gegen andere Fische; bei der Revierverteidigung werden Eindringlinge natürlich vertrieben. Unterbringung am besten paarweise.
ERNÄHRUNG Frisst Trocken- und Frostfutter und alle Arten Tümpelfutter, gern auch kleine Regenwürmer.
WEITERES Elternfamilie, Substratlaicher.
ZUCHT Nicht schwer in normal eingerichtetem Zuchtaquarium. Es gibt eine Goldvariante im Handel, der die Schwarzzeichnung der Wildform fehlt (vgl. Abbildung). Aber auch die Angehörigen der Wildform zeigen zumindest zeitweilig herrliche Gelbfärbung.

Tanganjika-Clown
Eretmodus cyanostictus

GRÖSSE 8 cm
BESCHREIBUNG Unterständiges, sehr breites Maul und vorwiegend an den Boden gebundene Lebensweise. Die Färbung ausgewachsener Exemplare ist von der Herkunft abhängig. Äußere Geschlechtsunterschiede sind nicht festzustellen. Möglicherweise haben die Männchen etwas längere Bauchflossen.
VORKOMMEN Die Art kommt nur im ostafrikanischen Tanganjikasee vor, wo sie in der brandungsreichen, ufernahen Geröllzone ein bodengebundenes Leben führt.
TEMPERATUR 24–26 °C
PFLEGE Bei richtiger Haltung dankbare Pfleglinge. Einrichtung mit Steinaufbauten! Voraussetzung für die erfolgreiche Haltung ist jedoch sauberes, sauerstoffreiches Wasser (Filter und gegebenenfalls noch Durchlüftung!), dessen pH-Wert nicht in saure Bereiche absacken darf. Bevorzugt mittelhartes Wasser. Friedlich gegen ihresgleichen und andere Fische.
ERNÄHRUNG Unproblematisch, da *Eretmodus cyanostictus* im Aquarium willig die üblichen Lebend- und Kunstfuttersorten annimmt.
ANMERKUNG Die erfolgreiche Vermehrung ist nicht einfach und gelingt nur bei optimalen Bedingungen (Maulbrüter). Gelegentlich als Gestreifter Grundelbuntbarsch oder Grundbuntbarsch bezeichnet.

Tanganjika-Zwergbuntbarsch
Julidochromis ornatus

GRÖSSE Bis 9,5cm
BESCHREIBUNG Auf gelbem Grund mit zwei parallelen Körperlängsstreifen ausgestattet, begleitet von noch einem dritten Parallelstreifen am Ansatz der Rückenflosse. Der untere Körperlängsstreifen endet meist kurz vor dem Beginn der Schwanzflosse. Die Weibchen sind meist größer.
VORKOMMEN Stammt aus Felsgebieten des Tanganjikasees.
TEMPERATUR 22–26 °C
PFLEGE Nicht unproblematisch, da oft speziell gegen Artgenossen und andere *Julidochromis*-Arten aggressiv. Ein *Julidochromis*becken sollte eine vielfältig gestaltete Felslandschaft mit vielen Spalten und ganzen Höhlensystemen aufweisen. Dann kann man jahrelang viel Freude an den Tieren, ihrem Nachwuchs und ihrem dann sehr friedfertigen Verhalten haben. Allerdings sollte man sich hüten, an einem einmal eingerichteten Becken Umbauten an der Einrichtung vorzunehmen. Dann können sich selbst gut eingespielte Paare hoffnungslos zerstreiten. Wasser mittel bis hart und leicht basisch.
ERNÄHRUNG Nehmen Kunstfutter, brauchen aber gelegentlich Frost- oder Lebendfutter.
ZUCHT Höhlenbrüter, Elternfamilie. Das Gelege wird vorzugsweise in Gesteinsspalten oder unter dem Dach einer Kunsthöhle angelegt und besteht aus 20 bis 50 Eiern. Im richtig eingerichteten Artbecken einfach.

Schneckenbuntbarsch
Neolamprologus brevis

GRÖSSE Bis zu 5,5cm, die Weibchen bleiben 2 cm kleiner
BESCHREIBUNG Ein klein bleibender, aber großköpfiger Buntbarsch mit deutlich zu erkennendem Kiemendeckelfleck, blauem Unteraugenstreifen und runden Schwanzflossen. Auf ockerfarbenem Grund acht bis zwölf unregelmäßige, hellblaue Querstreifen. Geschlechtsunterschiede: Die Männchen werden größer und haben spitzer ausgezogene Rückenflossen.
VORKOMMEN Ostafrika, Tanganjikasee in 5–55 m Tiefe.
TEMPERATUR 23–26 °C
PFLEGE Ein pflanzenfreundlicher Zwergbuntbarsch, der aber pflanzenfreie Sandflächen braucht. Die Sandschicht sollte 5 bis 6 cm hoch sein, denn die Schneckenbarsche vergraben ihr Schneckenhaus im Sand, so dass nur noch die Öffnung herausschaut und benutzen es als Zuflucht und als Laichhöhle. In einem sinnvoll eingerichteten 100-Liter-Aquarium mit mehreren Schneckenhäusern kann man gut 3 Paare unterbringen. Das Wasser sollte mittelhart oder hart sein, der Säuregrad zwischen 7,5 und 8,5.
ERNÄHRUNG Sie fressen auch Trockenfutter, sollten aber gelegentlich Lebendfutter bekommen.
ANMERKUNG Es gibt einige weitere kleine Schneckenbarsche die entsprechend gehalten werden sollten. Sie sind allesamt sehr empfehlenswerte Aquarienfische.

Tanganjika-Goldcichlide
Neolamprologus leleupi

GRÖSSE 9–10 cm
BESCHREIBUNG Eine trotz des lang gestreckten Baues kräftig wirkende Cichliden-Art. Die Männchen werden etwas größer und haben etwas verlängerte Bauch-, Rücken- und Afterflossen. Sie können im Alter einen leichten Stirnbuckel bekommen.
VORKOMMEN Häufiger Buntbarsch im Felsenbereich der Küste des Tanganjikasees ab 3 m Tiefe. Soll sich im Freiwasser hauptsächlich von kleinen Krebstieren, aber auch von Schnecken ernähren.
TEMPERATUR 24–26 °C
PFLEGE Unproblematischer Fisch, der sich auch mit größeren Arten aus dem Tanganjikasee vergesellschaften lässt. Man sollte für ausreichend Felsgebiete mit genügend großen Gesteinsspalten sorgen, in denen die Fische Zuflucht finden können. In Aquarien unter 100 Liter Fassungsvermögen nur paarweise Haltung sinnvoll. Artgenossen, die längere Zeit friedlich miteinander lebten, können sich unter Umständen plötzlich heftig bekämpfen. Wasserwerte: mittelhart, schwach alkalisch.
ERNÄHRUNG Keine besonderen Futteransprüche, braucht neben Flockenfutter gelegentlich auch Frostfutter.
ZUCHT Höhlenbrüter. Die bis zu 100 tarnfarbenen Eier werden an Höhlenwänden oder unter der Decke abgesetzt.

Feenbarsch
Neolamprologus brichardi

GRÖSSE Männchen bis 10 cm, Weibchen bleiben etwas kleiner
BESCHREIBUNG Mit verlängerten Rücken-, After- und Bauchflossen. Schwanzflosse mit oberen und unteren Spitzen, Flossen in leuchtendem Blauweiß gerandet. Grundfarbe matt hellbraun ohne weitere Zeichnung, kräftiger Kiemendeckelfleck. Lang ausgezogene Flossen.
VORKOMMEN Afrika, felsige Küsten des Tanganjikasees.
TEMPERATUR 23–26 °C
PFLEGE Die Feenbarsche brauchen alkalisches, mittelhartes Wasser und Steinaufbauten mit vielen Höhlen und Versteckmöglichkeiten; in größeren Aquarien sind sie auch zu mehreren zu vergesellschaften. Elegante, graziöse Schwimmer, die recht lebhaft sind. Bei der Revierverteidigung in vergleichsweise kleinen Aquarien unter Umständen aggressiv, im Allgemeinen jedoch friedfertig. Absolut pflanzenfreundlich.
ERNÄHRUNG Keine besonderen Futtersprüche; sollten jedoch hin und wieder Frostfutter bekommen.
ZUCHT Versteckbrüter, die bei der Vermehrung wenig Probleme bereiten. Das Wasser sollte mäßig alkalisch sein und Härtegrade zwischen 12 und 18° dGH aufweisen. Mit knapp 6 cm Gesamtlänge werden die Feenbarsche geschlechtsreif. Das Gelege umfasst etwa 200 Eier. Nach acht bis neun Tagen schwimmen die Jungen frei.

Blauer Malawisee-Buntbarsch
Pseudotropheus zebra

GRÖSSE Bis 12 cm
BESCHREIBUNG Die Art tritt in verschiedenen Farbvarianten auf, bei einigen Formen kommen gescheckte oder einfarbige Morphen vor, die Weibchen können orangegelb aussehen. Im typischen Fall sind die Buntbarsche zebraartig auf hellblauem Grund dunkel quergestreift. Die Männchen haben am Hinterrand der Afterflosse stark entwickelte „Eiflecken".
VORKOMMEN Afrika, endemisch im Malawi-See, wo sie sich zahlreich im Bereich der felsigen Küste aufhalten.
TEMPERATUR 22–28 °C
PFLEGE Die Fische brauchen ihrer Herkunft gemäß hartes oder mittelhartes Wasser mit alkalischen pH-Werten von 7,5 bis 9. Einrichtung des Beckens mit Steinaufbauten und robusten Pflanzen wie auf ◉ S. 39. beschrieben. Für ein Malawi-Aquarium sollte man mindestens 200 Liter vorsehen. Da die Männchen untereinander recht aggressiv sind, empfiehlt sich pro Art nur ein Männchen mit zwei bis drei Weibchen. Vergesellschaftungsvorschlag auf ◉ S. 40.
ERNÄHRUNG Flockenfutter, Frostfutter, Lebendfutter, gern auch pflanzliche Beikost wie Salat und Wasserlinsen.
ZUCHT Die Weibchen sind Maulbrüter. Je größer das Aquarium, desto eher gelingt die Zucht, richtige Wasserwerte und abwechslungsreiche Nahrung vorausgesetzt. In ideal eingerichteten Becken mit vielen Gesteinsspalten können die Kleinen im Aquarium groß werden.

Türkisgoldbarsch
Melanochromis auratus

GRÖSSE Männchen 11 cm, Weibchen bis 9 cm.
BESCHREIBUNG Relativ langgestreckte Cichliden mit ausgeprägten Geschlechtsunterschieden: die Männchen sind am Köper fast durchgehend schwarz und haben zwei hellblaue Längsstreifen. Die Weibchen und die Jungtiere haben eine gelbliche Grundfärbung mit schwarzen Längsstreifen.
VORKOMMEN Afrika, endemisch im südlichen Teil des Malawi-See im Bereich der felsigen Uferzone.
TEMPERATUR 22–26 °C
PFLEGE Hartes oder mittelhartes Wasser mit alkalischen pH-Werten von 7,5 bis 9. Einrichtung des Beckens mit Steinaufbauten und robusten Pflanzen wie auf ◉ S. 39 beschrieben.Da die Männchen untereinander , aggressiv sind, nur ein Männchen mit zwei bis drei Weibchen nehmen. Am besten hält man Türkisgoldbarsche zusammen mit anderen maulbrütenden Cichliden aus dem Malawisee. Vergesellschaftungsvorschlag auf S. 40
ERNÄHRUNG Flockenfutter, Frostfutter, Lebendfutter, gern auch pflanzliche Beikost.
ZUCHT Die Weibchen sind Maulbrüter. In zweckmäßig eingerichteten Malawibecken kommen die Kleinen meist ohne Hilfe durch.

Blauer Kongocichlide
Nanochromis parilus

GRÖSSE Bis zu 7 cm
BESCHREIBUNG Relativ kleinköpfige, sehr langgestreckte Art, die durch ihre bläulich oder violett glänzende Gesamtfärbung ohne jede weitere Zeichnung unverkennbar ist. Lediglich mit *N. nudiceps* könnte es zu Verwechslungen kommen, doch ist die Unterscheidung leicht: *N. parilius* hat in beiden Geschlechtern im unteren Teil der Schwanzflosse keine Zeichnung, während sowohl Männchen als auch Weibchen bei *nudiceps* eine auffallende Querbänderung in der unteren Schwanzflossenhälfte haben. Geschlechtsunterschiede: Die Weibchen haben zur Laichzeit ausgesprochen stark angeschwollene Bäuche mit oft violettroter Tönung. Auch schon lange vor dem Ablaichen ist die stumpfe, weißgefärbte Laichpapille des Weibchens unschwer zu erkennen.
VORKOMMEN Stromschnellen des unteren Zaire (Kongo) zwischen Wombe und Inga.
TEMPERATUR 22–26 °C
PFLEGE Weiches bis mittelhartes Wasser, Säuregrad zwischen 6,0 und 6,8. Wasserbewegung (Filter!) ist wichtig, nötig sind auch mehrere Höhlen, aus denen die Alttiere Bodenmaterial herausschaffen können. Nicht immer vertragen sich die Fische mit Artgenossen, am besten ist paarweise Unterbringung. Gegen andere Mitfische meist harmlos.
ERNÄHRUNG Nehmen nach Eingewöhnung Trockenfutter, gern aber Frostfutter und Lebendfutter.

Afrikanischer Schmetterlingsbuntbarsch
Anomalochromis thomasi

GRÖSSE Männchen bis 10 cm, Weibchen bis 7 cm.
BESCHREIBUNG Ähnelt in seiner etwas gedrungenen Körperform und in der Färbung (blauglänzende Schuppen sowie ein dunkler Fleck in der Körpermitte) dem jedoch nicht näher verwandten südamerikanischen Schmetterlingsbuntbarsch *(Papiliochromis ramirezi)*. Geschlechtsunterschiede: Die Geschlechter sind mit Sicherheit erst bei der Paarbildung zu unterscheiden. Die Weibchen sind meist etwas gedrungener und oft am Laichansatz zu erkennen.
VORKOMMEN Aus flachen, oft stark besonnten Tümpeln und Stillwasserzonen der Flüsse in den westafrikanischen Staaten Sierra Leone, Guinea und Liberia.
TEMPERATUR 23–27 °C
PFLEGE Genügsame Art, die ausgezeichnet in weichem und in mittelhartem Wasser im Gesellschaftsaquarium zu halten ist. Bevorzugt weiche bis neutrale Wasserwerte. Fortpflanzungsgestimmte Männchen können sich allerdings heftig bekämpfen. Gegen andere Fische friedlich, Pflanzen werden toleriert.
ERNÄHRUNG Auch im Hinblick auf das Futter gibt es keinerlei Probleme.
ZUCHT Offenbrüter, Elternfamilie. Nach reichlich Lebendfuttergaben nicht schwer.

Königscichlide, Purpur-Prachtbarsch
Pelvicachromis pulcher

GRÖSSE Männchen bis 10 cm, Weibchen bleiben mit etwa 7 cm kleiner
BESCHREIBUNG Relativ schlank gebauter Zwergbuntbarsch, von dem es eine Fülle verschiedener Farbformen gibt. Typisch sind zwei Körperlängsstreifen, von denen einer in der Körpermitte, der andere im Rückenbereich liegt. Die gedrungener gebauten Weibchen sind während der Fortpflanzungszeit deutlich farbiger als die Männchen. Ihr durch den Laichansatz angeschwollener Leib kann knallrot gefärbt sein, die Kehlregion leuchtend gelb.
VORKOMMEN Westafrika, im Unterlauf der Flüsse Niger und Kribi, wo sie selbst bis in die Brackwasserzonen vordringen.
TEMPERATUR 23–27 °C
PFLEGE Im Hinblick auf Wasserwerte unempfindlich. Königscichliden sind im Gesellschaftsaquarium gegen artfremde Fische recht verträglich; am besten ist paarweise Haltung. Erst wenn die Alttiere ihren Nachwuchs verteidigen, werden sie aggressiv, doch besteht in nicht zu kleinen Aquarien dann keine Gefahr für die anderen Bewohner. Eine geräumige Bruthöhle ist wichtig; ebenso eine ausreichend dichte Bepflanzung.
ERNÄHRUNG Keine besonderen Ansprüche an das Futter. Nimmt anstandslos Flockenfutter.
ZUCHT Höhlenbrüter, Vater-Mutter-Familie. Sehr leicht, daher auch Anfängern zu empfehlen.

Tüpfelbuntbarsch
Laetacara curviceps

GRÖSSE Männchen bis 10 cm.
BESCHREIBUNG Eine in der Färbung sehr variable Art; grundsätzlich aber farblich sehr ansprechend. Ein dunkles Band zieht vom Augenhinterrand gerade nach hinten und endet – ganz nach der Stimmung des Tieres – in der Körpermitte oder in der Schwanzwurzel. Körperbau gedrungen, rundköpfig mit kleiner Maulspalte. Die in der Kopfspalte angegebenen Größenangaben werden im Aquarium nur selten erreicht. Geschlechtsunterschiede: Die Männchen werden deutlich größer und haben als Alttiere deutlich länger ausgezogene Rücken- und Afterflossen.
VORKOMMEN Tüpfelbuntbarsche stammen aus dem Amazonasgebiet. Sie leben vorwiegend an strömungsarmen Ufern und Buchten.
TEMPERATUR 23–26 °C
PFLEGE Die Ansprüche an die Wasserhärte sind nicht sonderlich hoch; allerdings kränkelt die Art in belastetem Wasser recht schnell. Regelmäßiger Wasserwechsel ist nötig! Liebt gut bepflanzte, nicht zu helle Aquarien, die einen Wurzelunterstand und einige flache Steine haben sollten. Für ein Paar genügt schon ein kleines 60-Liter-Becken.
ERNÄHRUNG Nimmt Trocken- und Lebendfutter jeder Art.
ZUCHT Paarweiser Ansatz in weichem, leicht sauren Wasser. Elternfamilie, laicht bevorzugt auf Steinen.

Halbbinden-Rotbrustbuntbarsch
Laetacara dorsigera

GRÖSSE Männchen 8 cm, Weibchen bis 5,5 cm.
BESCHREIBUNG Körperform oval, kleines Maul. Vom Augenhinterrand bis zur Körpermitte ein dunkles Längsband, das dort meist in einem Fleck endet. Im Verkaufsbecken der Händler wenig attraktiv, aber zur Fortpflanzungszeit muss man ihn, wegen seiner dann wunderschön rot gefärbten Kehl- und Brustpartie, zu den schönsten Zwergcichliden zählen! Männchen meist mit schwarzem, goldfarbig gesäumtem Fleck in der Mitte der Rückenflosse.
VORKOMMEN Sumpfgebiete am Paraguay
TEMPERATUR 22–26 °C
PFLEGE Ein ausgesprochen friedlicher Buntbarsch, der keine besonderen Ansprüche an das Wasser und das Futter stellt. Wasserhärte bis 20° dGH, besser ist aber weicheres Wasser. Für ein Paar reichen schon Aquarien ab 60 cm Seitenlänge. Ausgezeichnet für mittelgroße Gesellschaftsaquarien geeignet. Sandboden, dazu einige glatte Steine; eine dichte Randbepflanzung und Wurzelunterstände sollten nicht fehlen. Pflanzenfreundlich.
ERNÄHRUNG Dankbar für gelegentliches Lebendfutter, sonst Flockenfutter.
ZUCHT Elternfamilie. Mit Lebendfutter anfüttern. Die Weibchen legen bis zu 500 Eier (normalerweise etwa 200) bevorzugt auf der Oberseite glatter Kiesel ab.

Agassiz' Zwergbuntbarsch
Apistogramma agassizii

GRÖSSE Männchen bis 10 cm, Weibchen bis 6 cm
BESCHREIBUNG Lang gestreckter Zwergbuntbarsch mit in beiden Geschlechtern niedriger Rückenflosse. Die Männchen sind durch ihre spatenförmige, bunt gezeichnete Schwanzflosse ausgezeichnet. Von dieser Art sind verschiedene Farbvarianten bekannt, die nach der Farbgebung der männlichen Schwanzflosse bezeichnet sind: die blauweiße Form aus der Umgebung von Manaus, die gelbe Variante aus Peru, die rote Form (vermutlich auch aus Peru) und die goldene Form.
VORKOMMEN Peru, Brasilien, überall im Bereich des Amazonas.
TEMPERATUR 23–27 °C
PFLEGE Braucht leicht saueres, nicht zu hartes Wasser (auf Dauer nicht über 12° dGH). Gut bepflanzte Becken mit sandigem Bodengrund, Wurzelunterständen und mehreren Höhlen. Ausgezeichnet mit Salmlern und Panzerwelsen zu vergesellschaften. In einem 100-Liter-Aquarium nur ein Männchen, dazu ein bis drei Weibchen.
ERNÄHRUNG Nimmt Trockenfutter; braucht jedoch auch hin und wieder Lebendfutter oder zumindest Frostfutter.
ZUCHT Auch im Gesellschaftsaquarium möglich. Höhlenbrüter, Mutterfamilie.

Gelber Zwergbuntbarsch
Apistogramma borellii

GRÖSSE Männchen bis 6 cm, Weibchen 3,5 cm
BESCHREIBUNG Eine relativ gedrungene Art mit einem zickzackartig verlaufenden Körperlängsband. Die Männchen besitzen auffallend großflächige Flossen. Besonders eindrucksvoll ist ihre segelartig große Rückenflosse. Außerdem zeigen sie einen prächtigen Blauglanz, der sich auf große Teile des Körpers erstreckt.
VORKOMMEN Südbrasilien, Paraguay, Nordargentinien im Flussgebiet des Rio Paraguay und des Parana.
TEMPERATUR 23–28 °C
PFLEGE Ein pflegeleichter *Apistogramma* der zwar weiches, leicht saures Wasser vorzieht, aber auch mit weniger optimalen Wasserbedingungen zurechtkommt. Friedlich, auch gegen seinesgleichen. Liebt dicht bepflanzte Aquarien und braucht Höhlenunterschlüpfe. Paarweise Unterbringung, ideal für Gesellschaftsaquarien mit Panzerwelsen und Salmlern; ein gut bepflanztes und gegliedertes 100-Liter-Aquarium kann auch zwei Paare beherbergen.
ERNÄHRUNG Nimmt Trockenfutter, ist jedoch für gelegentliche Lebendfuttergaben dankbar.
ZUCHT Einfacher als bei den meisten anderen Apistogramma-Arten. Höhlenbrüter, Mutterfamilie.

Kakadu-Zwergbuntbarsch
Apistogramma cacatuoides

GRÖSSE Männchen bis 9 cm, Weibchen 5 cm.
BESCHREIBUNG Unterhalb des dunklen Körperlängsstreifens sind meist zwei bis drei schwächere Parallelstreifen zu erkennen. Sie sind auch für die Weibchen typisch. Männchen mit wulstigen Lippen, einer zweizipfeligen Schwanzflosse und einer imposanten, kakaduhaubenartigen (Name!) Rückenflosse. Sie entsteht durch zipfelartige Verlängerungen der vorderen Flossenhäute. Im oberen Teil der Schwanzflosse oft dunkel gerahmte orangefarbene Flecken.
VORKOMMEN Beheimatet in pflanzenreichen Zonen im Bereich des Rio Ucayali in Ostperu.
TEMPERATUR 23–28 °C
PFLEGE Eine absolut friedliche und genügsame Art, die man sowohl in weichem wie auch in mittelhartem Wasser halten kann. Auch der Säuregrad ist relativ unwichtig. Zur Einrichtung: feiner Bodengrund mit Wurzelunterständen und Höhlen, stellenweise dichte Bepflanzung. Als Mitbewohner eignen sich neben vielen südamerikanischen Salmlern und Lebendgebärenden auch Panzer- und Bratpfannenwelse (◉ S. 16).
ERNÄHRUNG Frisst Trockenfutter, gedeiht aber wie alle *Apistogramma*-Arten bei Tümpelfutter besser.

Gabelschwanz-Schachbrettcichlide
Dicrossus filamentosus

GRÖSSE Männchen bis 9 cm, Weibchen bis 6 cm.
BESCHREIBUNG Schlanker Fisch mit stumpfer Schnauze. Am Rücken eine Längsreihe von sieben mehr oder weniger schwarzen, quadratischen Flecken, an der Seite auf Lücke stehend weitere sechs Flecken, die zusammen ein Schachbrettmuster ergeben. Geschlechtsunterschiede: Die größeren Männchen haben eine in zwei schmale Zipfel weit ausgezogene Schwanzflosse.
VORKOMMEN Stammt aus pflanzenreichen Bächen im Einzugsgebiet des Rio Negro und des Orinoco
TEMPERATUR 24–27 °C
PFLEGE Schachbrettcichliden sind im Hinblick auf die Wasserverhältnisse empfindliche und etwas heikle Fische. In der ersten Zeit sollte man Wildfänge in weichem, saurem Wasser halten. Eingewöhnte Tiere machen jedoch auch bei mittleren Härtegrade und neutralen Säuregraden keine Schwierigkeiten. Sie erweisen sich anderen Arten gegenüber als absolut friedlich. Im Artbecken können sie gelegentlich recht furchtsam sein, dann sollte man ihnen einige Salmler oder Lebendgebärende als Beifische zugesellen. Schachbrettcichliden lieben ruhige, gut bepflanzte Becken, die nicht zu hell sind!
ERNÄHRUNG Frostfutter, möglichst auch Lebendfutter.

Flaggenbuntbarsch
Mesonauta festivus

GRÖSSE Bis 15 cm
BESCHREIBUNG Keilförmig gebauter Buntbarsch mit durchgehendem oder zeitweilig unterbrochenem dunklen Schrägstreifen vom Augenhinterrand zum zugespitzten Ende der Rückenflosse. Undeutliche Querbänderung und ein kräftiger Augenfleck in der oberen Hälfte der Schwanzwurzel.
VORKOMMEN Stammt aus ruhigen oder langsam fließenden Gebieten des Amazonas-Bereiches. Nahe verwandte Arten sind in Kolumbien und im Orinoco-Gebiet zu Hause.
TEMPERATUR 23–25 °C
PFLEGE Trotz seiner Größe ein vergleichsweise sehr ruhiger und friedlicher Fisch, manchmal auch scheu und schreckhaft. Natürlich sollte man ihn nicht mit zu kleinen Mitbewohnern *(Neons)* vergesellschaften, die er als Nahrung ansehen könnte. Liebt stellenweise dichte Bepflanzung *(Echinodorus)* und Holz. Gut mit Pterophyllum zu halten – Unterbringung am besten im 200-Liter-Aquarium oder größer. Die Fische vertragen auch mittlere Härtegrade, sind aber empfindlich gegen Chemikalien und Nitrit. Häufigerer Wasserwechsel, nicht zu starke Strömung.
ERNÄHRUNG Trocken- und Frostfutter, gern auch kleine Regenwürmer.

Glänzender Zwergbuntbarsch
Nannacara anomala

GRÖSSE Männchen erreichen bis 9 cm, Weibchen bis 5 cm Gesamtlänge
BESCHREIBUNG Eine recht untersetzte Art mit stumpfer Schnauze und normal entwickelten Flossen.
Geschlechtsunterschiede: Die Schuppen ihrer Körperseiten sind bei ausgefärbten Männchen sehr schön grün gerandet; in ihrem Zentrum bleibt jede Schuppe dunkel. Die Bauch-, Rücken- und Afterflossen sind im Vergleich zum Weibchen deutlich verlängert.
VORKOMMEN Nordöstliches Südamerika, aus den Guayana-Ländern.
TEMPERATUR 23–26 °C
PFLEGE Eine absolut pflegeleichte Art, die sich ausgezeichnet für das gut bepflanzte und nicht überbevölkerte Gesellschaftsaquarium eignet und sich dort gegen nicht zu große Beifische auch recht gut durchsetzen kann. Dennoch friedfertig. Im 100-Liter-Aquarium empfiehlt sich paarweise Unterbringung. Das Wasser sollte weich bis mittelhart sein und neutral oder schwach sauer sein.
ERNÄHRUNG Eingewöhnte Tiere fressen willig Trockenfutter, sollten aber doch gelegentlich Lebendfutter bekommen.
ZUCHT Im Zuchtaquarium ohne weitere Beifische relativ einfach. Substratlaicher, Mutterfamilie – nur gelegentlich mit Beteiligung des Vaters.

Schmetterlingsbuntbarsch
Microgeophagus (Papiliochromis) ramirezi

GRÖSSE Bis 7 cm, meistens kleiner bleibend
BESCHREIBUNG Gedrungener, lebhafter Fisch mit unverkennbarem Äußerem. Körper mit Blauglanz und mit typischem schwarzem Fleck in der Körpermitte. Die Augen teilweise kräftig rotleuchtend. Neben wildfarbenen Tieren, die in verschiedenen Farbvarianten auftreten können und meist aus südostasiatischen Züchtereien kommen, werden auch gelbe Zuchtformen angeboten. Geschlechtsunterschiede: Die Weibchen sind in der Regel gedrungener gebaut. Gewöhnlich fehlen ihnen die bei älteren Männchen stark verlängerten Rückenflossenhäute. Die Bauchflossen der Männchen sind meist länger. Die Weibchen zeigen, vor allem wenn sie in Laichstimmung kommen, eine auffallend rot gefärbte Bauchpartie.
VORKOMMEN Grasländer in Venezuela, Kolumbien im Einzugsbereich des Orinoco.
TEMPERATUR 25 – 30 °C
PFLEGE Absolut harmlose und pflanzenfreundliche Art. In größeren Aquarien kann man ohne weiteres mehrere Paare unterbringen. Recht empfindlich gegen zu hohe Nitritwerte, daher regelmäßiger Wasserwechsel! Auch bei guten Pflegeverhältnissen nur relativ kurze Lebensdauer.
ERNÄHRUNG Normales Zierfischfutter. Gelegentliche Lebendfuttergaben sind nicht nötig, steigern aber deutlich das Wohlbefinden.
ZUCHT Offenbrüter mit Elternfamilie.

Segelflosser, Skalar
Pterophyllum scalare

GRÖSSE Gesamtlänge und Höhe bis ca. 15 cm
BESCHREIBUNG Eindrucksvolle Erscheinung durch die mächtigen Rücken- und Afterflossen. Fadenartig lang ausgezogene Bauchflossen. Die Männchen sind in der Regel größer.
VORKOMMEN In ruhigen Bereichen des Amazonas und seinen Nebenflüssen.
TEMPERATUR 24–29 °C
PFLEGE Absolut friedfertige, pflanzenfreundliche Fische, die zu lebhafte Mitfische jedoch nicht mögen (Barben!). Gut dagegen mit Flaggen- und Zwergbuntbarschen, Panzerwelsen und nicht zu kleinen Salmlern zu vergesellschaften. Aber Vorsicht: Zu kleine Fische (Guppy-Männchen, kleine Neons) werden von großen Skalaren als Beute angesehen und gefressen! Die Ansprüche an die Wasserwerte sind gering, wenngleich weiches und leicht saures Wasser vorgezogen wird. Nur geringe Strömung! Anfällig gegen Hexamita. Für erwachsene Skalare sind nur größere Aquarien ab 200 Litern sinnvoll.
ERNÄHRUNG Skalare nehmen jedes Futter, brauchen für eine gute Entwicklung jedoch zumindest hin und wieder Frostfutter oder Lebendfutter.
ANMERKUNG Es gibt eine Vielzahl von Zuchtformen – marmorierte Tiere, halb und vollkommen schwarze Skalare, gelbliche und orangefarben gesprenkelte sowie schleierflossige Tiere.

Hoher Segelflosser
Pterophyllum altum

GRÖSSE Bis 18 cm lang
BESCHREIBUNG Ähnelt dem „gewöhnlichen" Segelflosser, ist aber noch höher gebaut und zeichnet sich durch ein sattelartig eingedrücktes Stirnprofil aus. Typisch sind rötliche Flecken im Nacken- und Rückenbereich.
VORKOMMEN Äus dem Bereich des oberen Rio Negro und des Orinoko
TEMPERATUR 28–30 °C
PFLEGE Im Gegensatz zum *Pterophyllum scalare* sind die meisten *Pt. altum* Wildfänge, die höhere Ansprüche an die Wasserwerte brauchen. Sie verlangen möglichst weiches, saures Wasser mit geringer Strömung. Die weiteren Ansprüche gleichen *Pterophyllum scalare*. Zur Gesundheit: anfällig gegen Hexamita und Ichthyosporidium. Auch hier ist die Haltung erst in Aquarien ab 200 Litern sinnvoll.
ERNÄHRUNG Nimmt nach kurzer Eingewöhnung auch die gängigen Flockenfuttersorten. Regelmäßige Lebendfuttergaben oder Frostfutter sollten jedoch nicht fehlen.
ZUCHT Gelingt, anders als beim leicht zu züchtenden Pterophyllum scalare, nur unter sehr guten Pflegebedingungen und mit etwas Glück.

Diskusbuntbarsch
Symphysodon aequifasciatus

GRÖSSE Bis 17 cm
BESCHREIBUNG sehr eindrucksvoll durch ihre scheibenförmige Gestalt und die prächtige Färbung. Es gibt verschiedene Farbformen – den Grünen, den Braunen und den Blauen Diskus. Allen gemeinsam sind die hellblauen Schnörkellinien im Kopfbereich und die neun dunklen Querstreifen, die zwar nicht immer deutlich hervortreten, die aber im Gegensatz zum „Echten Diskus" *(Symphysodon discus)* alle mehr oder weniger gleich ausgeprägt sind.
VORKOMMEN Amazonasgebiet.
TEMPERATUR 26–30 °C
PFLEGE Ruhiges Aquarium mit Unterstellmöglichkeiten unter Wurzeln. Weiches, leicht saures Wasser, das oft erneuert werden sollte. Ein Diskusbecken sollte nicht unter 200 Liter fassen. Als Gesellschafter ruhige Fische mit denselben Wasseransprüchen (z. B. Schachbrettcichliden, Störwelse).
ERNÄHRUNG Ausgesuchtes Lebendfutter (keine Tubifex, keine roten Mückenlarven), gefriergetrocknetes Futter, Frostfutter (Shrimps, Garnelen), fein in Streifen geschnittenes Rinderherz.
ZUCHT Gelingt nur unter optimalen Wasser- und Ernährungsverhältnissen: Elternfamilie, die Jungen fressen in den ersten Tagen ein von den Eltern ausgeschiedenes Hautsekret („Säugefische").

Echter Diskusfisch, Heckel-Diskus
Symphysodon discus

GRÖSSE Knapp 20 cm
BESCHREIBUNG Ähnelt in seiner scheibenförmigen Gestalt und in seinem ganzen Verhalten sehr dem. Diskusbuntbarsch *(Symphysodon aequifasciatus)*. Entscheidender Unterschied ist die Ausprägung der dunklen Körperquerstreifen. Beim echten Diskus ist der 5. Streifen, der in etwa in der Körpermitte liegt, besonders ausgeprägt, ebenso auch der durch das Auge gehende erste Streifen. Ansonsten kann die Färbung recht unterschiedlich sein.
VORKOMMEN Beheimatet im Bereich des unteren Rio Negro und seiner Nebenflüsse.
TEMPERATUR etwa 27 bis 29 °C
PFLEGE Hohes Aquarium nicht unter 200 Liter Fassungsvermögen. Der Herkunft entsprechend möglichst mineralarmes, weiches Wasser im sauren Bereich. Häufigerer Teilwasserwechsel, da empfindlich gegen Nitrit. Sehr ruhiger und Ruhe liebender Fisch, daher Zurückhaltung bei der Auswahl der Beifische. Ideal: ein Artaquarium. Anfällig gegen Hexamita-Befall.
ERNÄHRUNG Ausgesuchtes Lebendfutter (keine Tubifex, keine roten Mückenlarven), Frostfutter (Shrimps, Garnelen), fein in Streifen geschnittenes Rinderherz.
ZUCHT Wie bei *Symphysodon aequifasciatus.*

Brabantbuntbarsch
Tropheus moorii

GRÖSSE Bis 15 cm
BESCHREIBUNG Kommt in einer Vielzahl geographischer Varianten vor, die entsprechend ihrer Farbmerkmale bezeichnet werden: Gelbbauchmoori, Zitronenmoori, Querstreifenmoori, Regenbogenmoori u.a. Die Grundform ist schwarzgrau und besitzt am Rücken einen auffallenden weißlich-gelben Dreieck-Fleck. Die direkt daran anschließende Rückenflossenpartie ist orangerot.
VORKOMMEN Afrika, an der Felsküste des Tanganjikasees.
TEMPERATUR 24–26 °C
PFLEGE Wasser mittelhart (10 bis 15 °dGH) und neutral bis leicht alkalisch. Steinaufbauten mit vielen Höhlen und Spalten. Problematischer Fisch! Haltung in möglichst großem Aquarium (ab 200 Liter, möglichst größer) in kleinem Trupp von etwa 5 Tieren. Die Zusammenstellung einer harmonisierenden Gruppe ist ausgesprochen schwierig, am einfachsten Geschwister. Nachträglich hinzugebrachte Artgenossen werden in der Regel nicht aufgenommen! Anderen Arten gegenüber harmlos.
ERNÄHRUNG Lebendfutter, Frostfutter, auch vegetarische Zusatzkost wie gebrühter Salat, Haferflocken.
ZUCHT Hochspezialisierter Maulbrüter. Die Mutter pflegt ihre 5 bis 20 Jungtiere auch noch einige Tage nach dem Entlassen aus dem Maul.

Kaiserbuntbarsch
Aulonocara nyassae

GRÖSSE Bis 18 cm, bleibt meist kleiner
BESCHREIBUNG Dominierende Männchen sind auf prächtig tintenblauem Grund schwarz gebändert mit hellblau gesäumter Rückenflosse und rostfarbenen Bauchflossen. Am Hinterrand der Afterflosse orangefarbene „Eiflecken". Weibchen und unterlegene Männchen sind unscheinbar bräunlich gefärbt mit dunklen Querbändern.
VORKOMMEN Afrika, endemisch im Malawisee im Übergang von der Fels- zur Sandzone.
TEMPERATUR 25–28 °C
PFLEGE Am besten in größerem Malawibecken mit anderen Buntbarschen aus diesem See. Wasser mittelhart und mäßig alkalisch (pH um 8). Ein recht friedfertiger Buntbarsch. Am besten gibt man zu einem Männchen zwei Weibchen. Liebt Felsaufbauten mit ausreichend Höhlenunterschlüpfen und vielen Spalten.
ERNÄHRUNG Unproblematisch, neben Flockenfutter wird gern auch tiefgefrorenes und gefriergetrocknetes Futter genommen.
ZUCHT Maulbrüter, Mutterfamilie. Die „Eiflecken" in der Afterflosse der Männchen dienen als Attrappen, die beim Ablaichen die Befruchtung der Eier gewährleisten.

Feuermaulbuntbarsch
Thorichthys meeki

GRÖSSE Bis 16 cm, Weibchen bleiben kleiner
BESCHREIBUNG Mit einem situationsbedingten dunklen Längsstreifen und oft nur undeutlich ausgeprägten Querstreifen. Auffallend ist ein hell gesäumter, dunkler Augenfleck am Rand des Kiemendeckels und eine unterschiedlich ausgeprägte Rotfärbung an der Unterseite von Kopf und vorderer Körperpartie. Die Geschlechter sind nur schwer zu unterscheiden.
VORKOMMEN Aus dem Nordosten Mexikos, Belize und dem nördlichen Guatemala
TEMPERATUR 24–26 °C
PFLEGE Ein robuster Buntbarsch, der sich nicht zur gemeinsamen Pflege mit zarten Fischen eignet. Besser zu kombinieren mit anderen mittelgroßen Buntbarschen (z. B. *Archocentrus, Cichlasoma, Geophagus* oder auch mit *Belontia* oder größeren Buschfischen). Auf Dauer nur für Aquarium ab 200 Liter. Keine besonderen Ansprüche an die Wasserzusammensetzung. Liebt Steine und Wurzeln, zu zarte Pflanzen können herausgewühlt werden.
ERNÄHRUNG Nimmt alles gängige Futter, gern auch kleinere Regenwürmer.
ZUCHT einfach. Substratlaicher, Elternfamilie.
BESONDERES Beim innerartlichen Drohen sehr eindrucksvoll: Die Tiere spreizen die Kiemendeckel mit den Augenflecken weit ab und stülpen ihre rote Kiemenhaut hervor!

Zebrabuntbarsch
Archocentrus nigrofasciatus

GRÖSSE Männchen bis zu 15 cm, Weibchen bis 12 cm
BESCHREIBUNG Verschiedene geographische Varianten. Normalerweise haben sie auf hellem, oft bläulichem Grund mehrere schwarze Körperquerstreifen, am Kopf schräg versetzt, so dass sich im Nackenbereich eine V-Struktur ergibt. Die Farbmuster der Weibchen sind entsprechend. Zusätzlich haben sie in der Bauchgegend gold- oder orangefarben glänzende Schuppen. Im Handel werden auch Weißlinge angeboten.
VORKOMMEN Mittelamerika: Guatemala, Panama, Belize, Honduras, Costa-Rica.
TEMPERATUR 24–26 °C
PFLEGE Sehr robust, keine Ansprüche an die Wasserzusammensetzung. Nur mit entsprechend robusten Fischen halten. Liebt Steine und Sand, in dem er gern gräbt, um im Schutz von Steinüberhängen sein Gelege anzukleben. Bei dieser Gelegenheit kann er auch schon mal Pflanzen ausgraben. Dennoch einer der empfehlenswertesten unter den mittelgroßen Buntbarschen, da relativ friedfertig.
ERNÄHRUNG Normales Flockenfutter, gern auch kleine Regenwürmer!
ZUCHT Sehr einfach. Bereits kleine Tiere von erst 5 cm Gesamtlänge sind geschlechtsreif und fortpflanzungsaktiv. Substratlaicher, Elternfamilie.

Goldfisch
Carassius auratus

GRÖSSE Selten über 20 cm lang, kann jedoch bis 45 cm erreichen
BESCHREIBUNG Während die Stammform, der Giebel, einfarbig silbergrau gefärbt ist, zeigt der eigentliche Goldfisch im Idealfall eine einheitliche orangerote Färbung. Durch Weiterzucht entstanden aus dieser Form in Ostasien weitere Rassen mit stark verlängerten Flossen (Schleierschwänze) und solche mit nach oben verdrehten Glotzaugen (Teleskopfisch), oft in den verschiedensten Färbungen und Mustern.
VORKOMMEN Ursprünglich Ostasien.
TEMPERATUR Um 20 °C, kann in weitem Rahmen variieren
PFLEGE Ausgesprochen widerstandsfähige Fische, auch die Zuchtformen; aber kein typischer Aquarienfisch. Haltung im Freilandteich. Dabei darf der regelmäßige Wasserwechsel nicht vergessen werden. Friedlich und harmlos. Zur Überwinterung müssen die empfindlicheren Formen (Teleskopfische, Schleierschwänze u. a.) im Aquarium gehalten werden (15 bis 20 °C). Sie sind sauerstoffbedürftig und bevorzugen klares Wasser, also Filterung!
ERNÄHRUNG sehr anspruchslos, Flockenfutter, gern auch vegetarische Anteile. Unter 10 °C stellen Goldfische das Fressen ein.

Prachtbarbe
Barbus conchonius

GRÖSSE Bis 15 cm, bleibt aber meist kleiner
BESCHREIBUNG Gedrungene Barbe mit dunklem Fleck am Beginn der Schwanzwurzel. Männchen kleiner und deutlich schlanker. Sie färben sich mit der Geschlechtsreife an den Seiten und im unteren Körperbereich schön rot.
VORKOMMEN Stammt aus Flüssen und Tümpeln im nördlichen Vorderindien, aus Bengalen und Assam.
TEMPERATUR 18–23 °C
PFLEGE Ein sehr lebendiger, friedlicher Schwarmfisch, der ausgesprochen anspruchslos ist. Am besten bringt man ihn zusammen mit anderen lebhaften Fischen unter, die kühleres oder nur mittelwarmes Wasser bevorzugen. Als Bepflanzung nimmt man am besten härtere Arten *(Vallisnerien, Cryptocorynen)*. Daneben brauchen die Fische auch größere Freiräume zum Schwimmen. Kleiner Schwarm von mindestens 6 Fischen. Nicht mit Fadenfischen oder Skalaren vergesellschaften.
ERNÄHRUNG Allesfresser, der neben Lebendfutter auch alle gängigen Trockenfutterarten nimmt.

Purpurkopfbarbe
Barbus nigrofasciatus

GRÖSSE Bis 6,5 cm
BESCHREIBUNG Gedrungen gebautes Fischchen mit drei dunklen Körperquerstreifen. Die größeren Männchen sind höher gebaut und zur Fortpflanzungszeit mehr oder weniger rötlich gefärbt. Ihre Flossen sind dann dunkelgrau bis schwarz.
VORKOMMEN Stammen aus pflanzenreichen, langsam fließenden Bächen aus Ceylon (Sri Lanka).
TEMPERATUR 22–26 °C, zur Überwinterung gern auch noch etwas kühler.
PFLEGE Ein friedlicher, aber gleichzeitig lebhafter Schwarmfisch; gut geeignet für die Gesellschaft weiterer Barben. Am besten bekommt ihm weicher Bodengrund, eine dichte Randbepflanzung und Schwimmpflanzen, aber auch ausreichend freier Schwimmraum im Mittelteil des Beckens. Zu helle Becken sind nichts für Purpurkopfbarben. Das Wasser sollte weich bis mittelhart sein. Nur im Schwarm zu mindestens 6 Artgenossen halten!
ERNÄHRUNG Unproblematischer Allesfresser, der mit jedem gängigen Futter ernährt werden kann.

Eilandbarbe
Barbus oligolepis

GRÖSSE Bis 5 cm
BESCHREIBUNG Eine kleine Barbe. Die Schuppen im oberen und mittleren Teil des Körpers sind typisch gefärbt: In ihrem Ursprung sind sie schwarz, danach perlmuttartig schimmernd. Die Flossen der meist etwas größer werdenden Männchen sind ansprechend schwarz gesäumt.
VORKOMMEN Eilandbarben kommen aus den Bächen, Flüssen und Seen des indonesischen Raums.
TEMPERATUR 20–24 °C
PFLEGE Sehr friedliche und dennoch lebhafte Fische, die aber immer im kleinem Schwarm gehalten werden müssen. Eilandbarben lieben weichen Bodengrund und eine dichte Randbepflanzung, in die sie sich gelegentlich zurückziehen können. Daneben sollte aber auch ausreichend freier Schwimmraum vorhanden sein. Die Ansprüche an das Wasser sind gering, wenngleich herkunftsgemäß weichere und leicht saure Wasserwerte bevorzugt werden.
ERNÄHRUNG Allesfresser, die mit dem üblichen Trockenfutter zufrieden sind. Sie sollten aber auch gelegentlich Frostfutter bekommen. Auch Algennahrung nehmen sie gern.

Fünfgürtelbarbe
Barbus pentazona

GRÖSSE Etwa 5 cm
BESCHREIBUNG Im Gegensatz zum Namen mit sechs Querbinden: Die erste geht durch die Kopf in Höhe des Auges, die letzte ist direkt am Ansatz der Schwanzflosse. Die Männchen sind in der Regel etwas kleiner und schlanker als die Weibchen.
VORKOMMEN Beheimatet in ruhigen Tieflandgewässern Südostasiens.
TEMPERATUR 22–26 °C.
PFLEGE Etwas ruhiger als die meisten anderen Barben und daher auch mit Fischen gut zu kombinieren, die nicht so viel Hektik mögen. Auch Fünfgürtelbarben sollten immer im Schwarm gehalten werden. Sie bevorzugen nicht zu hartes Wasser und brauchen einen regelmäßigen Wasserwechsel.
ERNÄHRUNG Gut eingewöhnte Fünfgürtelbarben nehmen auch Trockenfutter, doch sollte man mit Lebendfutter nicht geizig sein. Ersatzweise Frostfutter!
ZUCHT Die Vermehrung der Fünfgürtelbarbe ist schwieriger als die vieler anderer Barben. Das Wasser muss weich und leicht sauer sein und vor allem frei von organischen Verunreinigungen.

Messingbarbe
Barbus semifasciolatus

GRÖSSE Bis 10 cm
BESCHREIBUNG Ein mehr oder weniger gelborangener Fisch mit unregelmäßigen Flecken, die gehäuft in der Körpermitte auftreten. Die Flossen sind rötlich. Männchen sind deutlich kräftiger gefärbt, kleiner und schlanker als die Weibchen.
VORKOMMEN Messingbarben kommen ursprünglich aus dem südöstlichen China. Sie wurden daher gelegentlich auch als Hongkongbarben bezeichnet.
TEMPERATUR 18–24 °C.
PFLEGE Lebhafte, friedliche Schwarmfische, die gern im Boden wühlen; weicher Sandboden kommt ihren Bedürfnissen entgegen. Die anspruchslosen Fische brauchen ausreichend Schwimmraum, damit sie sich entfalten können. Weiches, leicht saures Wasser wird bevorzugt.
ERNÄHRUNG Starke Fresser, die keine besonderen Ansprüche an die Zusammensetzung des Futters stellen.
BESONDERES Es gibt im Handel auch eine xanthoristische Form (Gelblinge), die als „*Barbus schuberti*" (Brokatbarbe) bezeichnet wird.

Sumatrabarbe
Barbus tetrazona

GRÖSSE Bis 7 cm
BESCHREIBUNG Kompakt gebaute, attraktive und beliebte Barbe mit vier kräftigen schwarzen Querstreifen. Schwarz gefärbt ist auch der untere Teil der Rückenflosse. Rottöne im Bereich der Flossen und im Vorderkopf. Männchen lebhafter gefärbt und schlanker.
VORKOMMEN Sumatrabarben stammen ursprünglich von den indonesischen Inseln Sumatra und Borneo.
TEMPERATUR 20–26 °C
PFLEGE Ein sehr lebhafter und spielfreudiger Fisch, der immer im Schwarm gehalten werden sollte. Nicht mit zarten Fischen kombinieren, da Sumatrabarben dann doch lästig werden können. Speziell die Haltung mit Fadenfischen oder Skalaren sollte vermieden werden, da die Barben ihnen durch Flossenzupfen schaden können. Weicher Sandboden, harte Randbepflanzung. Die Wasserwerte sind nicht von Bedeutung, solange sie nicht in extrem hartem Bereich sind. Anfällig gegen die *Ichthyosporidium*-Krankheit.
ERNÄHRUNG Allesfresser, der keine besonderen Ansprüche stellt.
ZUCHT Relativ einfach bei paarweisem Ansatz. Es gibt eine größere Anzahl von Zuchtformen, zum Beispiel Schleierformen, die grün schillernden „Moosbarben“ und Albinoformen.

Zweipunktbarbe
Barbus ticto

GRÖSSE Bis 10 cm
BESCHREIBUNG Typisch sind zwei augengroße Körperflecken auf dem mit Netzschuppen versehenen Körper. Der erste Fleck liegt über der Brustflosse, der zweite im Bereich der Schwanzwurzel. Die Männchen sind schlanker und haben ein schwarz getüpfelte Rückenflosse. Zur Laichzeit ist ihr Körper rötlich.
VORKOMMEN Die Fische stammen aus den Flüssen und Bächen im vorderindischen Bereich einschließlich Sri Lanka (Ceylon).
TEMPERATUR 18–24 °C
PFLEGE Anspruchsloser Schwarmfisch, der die Gesellschaft von Artgenossen braucht. Gut geeignet für das Gesellschaftsbecken mit nicht allzu ruhebedürftigen Mitfischen. Im Allgemeinen sehr friedliebend. Braucht auch dichtere Vegetation, in die er sich bei Bedarf zurückziehen kann.
ERNÄHRUNG Unproblematischer Allesfresser, der aber gelegentlich Frostfutter bekommen sollte.
BESONDERES Es gibt einige farbenprächtigere Varianten, die als Odessabarbe und Rubinbarbe bezeichnet werden.

Bitterlingsbarbe
Barbus titteya

GRÖSSE 5 cm
BESCHREIBUNG Relativ lang gestreckte Barbe mit seitlichen Netzschuppen und einem dunkleren Körperlängsstreifen, der an der Schnauzenspitze beginnt und erst am Beginn der Schwanzflosse endet. Die Männchen zeigen zur Laichzeit eine wunderbare Rotfärbung.
VORKOMMEN Aus schattigen Bächen in den Tiefebenen der Insel Ceylon (Sri Lanka).
TEMPERATUR 23–26 °C.
PFLEGE Eine friedliche Art, auch wenn die Männchen untereinander zur Laichzeit recht nachhaltig miteinander raufen können. Immer im Schwarm halten! Die Fische lieben es, sich gelegentlich in vegetationsreichere und dunklere Bereiche des Aquariums zurückzuziehen. Diesem Bedürfnis sollte man durch Wurzelunterstände und einer dichteren Randbepflanzung entsprechen. Die Ansprüche an das Wasser sind relativ moderat. Lediglich sehr hartes Wasser ist zu vermeiden.
ERNÄHRUNG Bitterlingsbarben sind Allesfresser, denen man aber doch hin und wieder auch Frostfutter oder Lebendfutter gönnen sollte.

Zebrabärbling
Brachydanio rerio

GRÖSSE Bis 6 cm
BESCHREIBUNG Schlanke Fischchen, die durch ihre zebraartige dunkle Längsstreifung unverwechselbar sind. Die Streifen gehen auch in die Schwanzflosse und die relativ große Afterflosse. Die Weibchen sind deutlich größer als die Männchen, die zudem wesentlich schlanker sind.
VORKOMMEN Ursprünglich beheimatet in den Bächen, Flüssen und Seen im Osten der indischen Union und in Bangladesh.
TEMPERATUR 18–24 °C.
PFLEGE Wohl kaum ein Schwarmfisch ist gleichermaßen so munter und doch so friedfertig wie dieser Bärbling. Fast ständig sind die „Zebras" in Bewegung und jagen sich harmlos spielend gegenseitig. Man sollte sich mindestens sechs, besser acht oder mehr dieser Flitzer anschaffen. Zebrabärblinge stellen keine besonderen Ansprüche an das Wasser. Aber sie lieben Aquarien, die zumindest stellenweise auch dichter bepflanzt sind.
ERNÄHRUNG Allesfresser, absolut anspruchslos im Hinblick auf das Futter.
BESONDERES Leicht zu züchten und aufzuziehen. Allerdings braucht man dazu spezielle Zuchtaquarien, da die Eltern Laichräuber sind.
ANMERKUNG S.19

Tüpfelbärbling
Brachydanio nigrofasciatus

GRÖSSE Etwa bis 4,5 cm Gesamtlänge
BESCHREIBUNG Schlanker Bärbling mit blauschwarzem Längsband, das am Kiemendeckelhinterrand beginnt und im unteren Teil der Schwanzflossenwurzel endet. Darüber ein dünneres helles Band. Unter diesen Längsbändern mehrere unregelmäßig verteilte dunkle Flecken. Die Weibchen sind deutlich kräftiger gebaut als die zierlicheren Männchen.
VORKOMMEN Aus den Flüssen, Bächen und Reisfeldern von Myanmar (Burma).
TEMPERATUR 24–28 °C.
PFLEGE Lebhafter Schwarmfisch, allerdings nicht ganz so schwimmfreudig wie Zebrabärblinge. Immer im Schwarm halten, mindestens zu sechst, besser mehr. Tüpfelbärblinge sind ausgesprochen friedfertig und können mit den meisten Fischen passender Größe bedenkenlos zusammen gehalten werden. Sie lieben teilweise dichtere Pflanzenbereiche, brauchen aber auch viel freien Schwimmraum. Ihre Ansprüche an die Wasserzusammensetzung sind gering, wenngleich sehr hartes Wasser vermieden werden sollte.
ERNÄHRUNG Tüpfelbärblinge stellen an die Art des Futters keine gehobenen Ansprüche. Das übliche Flockenfutter ist für sie völlig in Ordnung.

Inselbärbling
Danio kerri

GRÖSSE 5 cm
BESCHREIBUNG Bläulich schillernde, lang gestreckte Fischchen mit schmalem, goldfarbenen Längsband, das am Kiemendeckelhinterrand beginnt und sich bis in die Schwanzwurzel fortsetzt. Darunter meist ein weiteres schwächeres Goldband. Die Männchen sind deutlich schlanker.
VORKOMMEN Aus Bächen Hinterindiens.
TEMPERATUR 23–26 °C
PFLEGE Schwimmfreudige und ausgesprochen friedliche Schwarmfische, die Wasserströmung lieben. Inselbärblinge gehören zu den anspruchlosen Fischen, sollten jedoch immer in einem kleinen Schwarm gehalten werden.
ERNÄHRUNG Allesfresser, die auch mit dem üblichen Flockenfutter zufrieden sind.
BESONDERES Eine recht variable Art. Inselbärblinge können mit anderen *Brachydanio*-Arten gekreuzt werden; jedoch sind die Nachkommen unfruchtbar.

Rotflossenrasbora
Rasbora borapetensis

GRÖSSE 5 cm
BESCHREIBUNG Schlanke, silbrige Fischchen mit einem schwarzen Körperlängsstreifen, der von einem goldfarbenen Streifen nach oben begrenzt wird. Die Schwanzflossen sind im Bereich des Flossenansatzes rötlich. Die Weibchen sind deutlich fülliger als die Männchen.
VORKOMMEN Häufiger Fisch in weiten Teilen Südostasiens (Thailand, Malaysia), besonders in Bächen und kleinen Flüssen.
TEMPERATUR 22–27 °C
PFLEGE Ein friedlicher, lebhafter Fisch, der sich gut zusammen mit anderen Bärblingen im Gesellschaftsbecken halten lässt. Als Schwarmfisch immer zu mehreren unterbringen! Rotflossenrasboras bevorzugen bewegtes Wasser mit geringen bis mittleren Härtegraden. Sie lieben teilweise gedämpftes Licht (Wasserpflanzen!), brauchen andererseits aber auch ausreichend freien Schwimmraum. Empfindlich gegen verschmutztes Wasser, daher ausreichend häufig Wasser wechseln!
ERNÄHRUNG Nimmt das übliche Trockenfutter, dankbar für gelegentliche Lebendfuttergaben.

Schmuckbärbling
Rasbora elegans

GRÖSSE Bis 20 cm
BESCHREIBUNG Groß werdender Bärbling mit Netzmuster. Typisch sind drei schwarze Zeichnungen am Körper: ein Fleck in der Körpermitte, ein rautenförmiges Muster am Ende der Schwanzwurzel und ein kurzer Streifen direkt am Ansatz der Afterflosse. Die Weibchen sind meist größer und plumper.
VORKOMMEN Aus Hinterindien sowie von den Inseln Indonesiens
TEMPERATUR 22–26 °C
PFLEGE Ein lebhafter, friedlicher Schwarmfisch (nicht weniger als 6 Tiere!), der sich gut mit anderen Rasbora-Arten vergesellschaften lässt. Im Hinblick auf die Endgröße sollte man diese Art nur in größeren Aquarien unterbringen. Braucht einerseits ausreichend Schwimmraum, andererseits Pflanzendickichte, in die er sich zurückziehen kann. Das Wasser sollte leicht bewegt und etwas sauer sein, Härte bis etwa 10 °dGH. Regelmäßiger Wasserwechsel ist wichtig.
ERNÄHRUNG Ein Allesfresser, der neben Flockenfutter gern auch Frostfutter und Lebendfutter nimmt.
BESONDERES Von dieser Art wurde eine Anzahl verschiedener geographisch bedingter Unterarten beschrieben.

Keilfleckbarbe
Rasbora heteromorpha

GRÖSSE 4,5 cm
BESCHREIBUNG Sehr gedrungen gebautes Fischchen, das sich durch ein schwarzes keilartiges Körpermuster auszeichnet. Die Grundfarbe ist mehr oder weniger rosa. Die Männchen sind deutlich schlanker.
VORKOMMEN Keilfleckbarben sind in weiten Teilen Südostasiens verbreitet, aber nicht überall häufig. Überwiegend in ruhigen Gewässern.
TEMPERATUR 22–25 °C.
PFLEGE Schwimmfreudige, dabei völlig friedliche Art. Schwarmfisch, daher in kleinem Trupp von mindestens 6 Fischen halten.Für das Gesellschaftsaquarium geeignet, aber sie brauchen die Gesellschaft entsprechender Friedfische (keine großen Barben!). Das Wasser sollte weich sein und wenn möglich leicht sauer.
ERNÄHRUNG Relativ anspruchslos. Flockenfutter, gefriergetrocknetes Futter, Frostfutter.
ZUCHT Nicht einfach und nur etwas für Spezialisten. Das Wasser muss besonders zubereitet werden, es muss sehr weich, sauer und bakterienfrei sein. Die Fische kleben ihren Laich an die Unterseite von breitflächigen Wasserpflanzenblättern.
BESONDERES Hengels Bärbling *(Rasbora hengeli)* ähnelt der Keilfleckbarbe im Aussehen, in den Haltungsbedingungen und im Hinblick auf das Fortpflanzungsverhalten, ist aber noch zarter. Zur Vergesellschaftung eignen sich hier nur sehr kleine Mitfische wie beispielsweise Zwergbärblinge.

Schönflossenrasbora
Rasbora kalochroma

GRÖSSE 10 cm
BESCHREIBUNG Ansprechend rötlich gefärbte, lang gestreckte Fische mit einem typischen Fleckenmuster. Sie besitzen einen knapp augengroßen schwarzen Fleck direkt oberhalb der Brustflosse und einen weit größeren, rundlichen schwarzen Fleck oberhalb des Ansatzes der Afterflosse. Männchen schlanker und noch etwas intensiver gefärbt.
VORKOMMEN Aus Westmalaysia, Sumatra und Borneo.
TEMPERATUR 25–28 °C.
PFLEGE Schwarmfische, die ausreichend große Becken mit viel freiem Schwimmraum brauchen, andererseits aber auch Pflanzenunterstände, die sie gern aufsuchen. Sie bevorzugen auch dunklere Stellen, daher sind Schwimmpflanzen empfohlen (Sumatrafarn!). Wasser weich bis mittelhart (bis etwa 10 °dGH), leicht sauer. Regelmäßiger Wasserwechsel!
ERNÄHRUNG Allesfresser, die gern auch Flockenfutter nehmen.

Zwergbärbling
Rasbora maculata

GRÖSSE 2,5 cm, sie gehören zu den kleinsten Wirbeltieren überhaupt!
BESCHREIBUNG Die ansonsten rosarot gefärbten Fischchen haben auf dem Körper und am Ansatz der Flossen große dunkle Flecken. Die Männchen sind schlanker, kleiner und intensiver gefärbt.
VORKOMMEN Beheimatet in langsam fließenden Gewässern Südostasiens, in Gräben und Sümpfen.
TEMPERATUR 24–26 °C.
PFLEGE Am besten eignen sich Zwergbärblinge für kleinere Becken, speziell für Artaquarien. In zu großen Becken gehen die Fischchen regelrecht unter! Die Fischzwerge können nur mit ebenfalls kleinen und friedlichen Fischen wie *Rasbora hengeli* oder *R. heteromorpha* gehalten werden. Doch auch Spitzschwanzmakropoden (*Pseudosphromenus*-Arten) und die kleinen Honigfadenfische *(Colisa chuna)* eignen sich zur Gesellschaft. Immer im kleinen Schwarm halten! Zwergbärblinge brauchen weiches bis mittelhartes, leicht saures Wasser.
ERNÄHRUNG Kleines Lebendfutter, auch Flockenfutter wird genommen.

Kardinalfisch
Tanichthys albonubes

GRÖSSE 4 cm
BESCHREIBUNG Ein mehr oder weniger ausgeprägtes dunkles Körperlängsband, darüber ein viel schmalerer Leuchtstreifen. Schwanzflosse, gelegentlich auch Teile der anderen Flossen rötlich. Rücken-, After- und Bauchflossen hell gesäumt. Die Männchen sind schlanker und intensiver gefärbt.
VORKOMMEN Südchina, aus Bächen in der Umgebung von Hongkong.
TEMPERATUR 18–22 °C.
PFLEGE Kardinalfische sollten immer nur im Schwarm von zumindest 6 Fischchen gepflegt werden. Ansonsten gibt es kaum anspruchslosere Fische. Sie sind auch in härterem Wasser stets munter, dabei friedlich gegen ihre Mitbewohner. Zu hohe Temperaturen sollte man meiden.
ERNÄHRUNG Allesfresser, der jegliches Flocken- und Lebendfutter nimmt.
ZUCHT Recht einfach. In ein dicht bepflanztes Aquarium ein Paar geben. Nach dem Ablaichen das Paar herausfangen. Die Larven schlüpfen nach etwa 36 Stunden und können mit feinem Staubfutter aufgezogen werden.
BESONDERES Es gibt auch schleierflossige Mutanten.

Feuerschwanz
Labeo bicolor

GRÖSSE Bis 12 cm
BESCHREIBUNG Karpfenähnlicher Fisch mit deutlichen Barteln, unverkennbar durch die Färbung: Bis auf die knallrot gefärbte Schwanzflosse am ganzen Körper und an den übrigen Flossen tiefschwarz.
VORKOMMEN Bäche und Flüsse Thailands
TEMPERATUR 22–26 °C
PFLEGE Wegen seiner dekorativen Erscheinung beliebter Anfängerfisch, der aber im Gesellschaftsaquarium oft selbst Profis Probleme bereitet. Unverträglich, daher nicht mit Artgenossen zusammen halten! Auch anderen Fischen gegenüber oft aufdringlich! Man sollte von der Haltung von Feuerschwänzen im normalen Gesellschaftsaquarium Abstand nehmen! Das Wasser für Feuerschwänze sollte weich bis mittelhart und neutral sein. Regelmäßiger Teilwasserwechsel!
ERNÄHRUNG Nimmt anstandslos die üblichen Futtersorten.
ZUCHT Ist bereits gelungen, bereitet aber wegen der Unverträglichkeit der Tiere Probleme. Die Jungen färben ihre dunkle Schwanzflosse erst nach etwa 7 Wochen um.

Siamesische Rüsselbarbe, Algenfresser
Epalzeorhynchus siamensis

GRÖSSE Bis zu 14 cm, bleibt aber in der Regel kleiner.
BESCHREIBUNG schlanker Fisch mit unterständigem Maul. über der weißlichen Unterseite ein breites, schwarzes Körperlängsband, direkt darüber ein weit schmaleres goldenes Band.
VORKOMMEN Stammt aus Bachzonen der Malaiischen Halbinsel.
TEMPERATUR 24–26 °C
PFLEGE Ein Fisch, der auch mit kleineren Beifischen im Gesellschaftsaquarium gut gehalten werden kann. Artgenossen können gelegentlich kleinere Streitigkeiten austragen. Liebt weiches, leicht saures Wasser, ist aber auch bei weniger optimalen Bedingungen gut zu halten.
ERNÄHRUNG Nimmt Futter jeder Art, gern auch pflanzliche Nahrung. Geht gern an Algen (Name!), verschont jedoch die eigentlichen Aquarienpflanzen.
BESONDERES Nahe verwandt ist die Schönflossige Rüsselbarbe, *E. kallopterus*, die in den Ansprüchen ganz ähnlich ist. Unterschiede: Das schwarze Längsband endet bei siamensis in der Schwanzwurzel, bei *kallopterus* dagegen setzt es sich in die Schwanzflosse hinein fort.

Siamesischer Kampffisch
Betta splendens

GRÖSSE Weibchen bis 5 cm, Männchen bis 6 cm
BESCHREIBUNG Kampffische werden beim Händler in allen Farben angeboten, speziell die Männchen, in einfarbig rot, blau, gelb, weiß, violett und in allen denkbaren Farbkombinationen. Geschlechtsunterschiede: Männchen größer, mit ausgeprägteren Flossen und zumeist farbiger. Die Weibchen oft mit weißer Geschlechtspapille.
VORKOMMEN Mittleres Thailand in verkrauteten Seen und langsam fließenden Gewässern.
TEMPERATUR 25–28 °C
PFLEGE Anspruchslos im Hinblick auf das Wasser, friedlich gegen Artfremde. Mehrere splendens-Männchen sollten nur in wirklich großen Aquarien zusammen gehalten werden. Möglichst wenig Wasserströmung! Liebt daher eine zumindest teilweise Schwimmpflanzendecke. Bevorzugt stellenweise dicht bepflanzte Aquarien, die jedoch nicht sonderlich groß sein müssen. In einem 100-Liter-Aquarium möglichst nur ein Paar.
ERNÄHRUNG Nimmt ohne Probleme die gängigen Futtersorten
ZUCHT Einfach: Schaumnestbauer, paarweiser Ansatz, Vaterfamilie.
ANMERKUNG ◉ S.21

Javanischer Kampffisch
Betta picta

GRÖSSE Weibchen bis 4,5 cm, Männchen bis 6 cm
BESCHREIBUNG Kleiner kurzflossiger Maulbrüter mit drei dunklen, unterbrochenen Körperlängsstreifen. Männchen im Prachtkleid braunrot. Eine weit verbreitete Art, die sich durch zahlreiche geographische Varianten oder Unterarten auszeichnet.
VORKOMMEN Auf Java und Sumatra in Fließgewässern und in den Randgebieten von Seen.
TEMPERATUR 25–27 °C
PFLEGE Friedfertig und genügsam, auch zur Vergesellschaftung gut geeignet. Sehr empfehlenswert, auch für das Gesellschaftsaquarium. Liebt etwas Wasserbewegung (Filter!). Das Wasser kann weich bis mittelhart sein.
ERNÄHRUNG Stellt keine besonderen Ansprüche an Futter, gelegentliche Frostfuttergaben sind jedoch empfehlenswert.
ZUCHT Fortpflanzungswillige Weibchen verteidigen kurzzeitig ein kleines Revier am Boden. Nach der Paarung übernimmt der Vater den Laich, den er im Maul bis zum Freischwimmen der Jungen nach etwa 10 Tagen abgibt.
ANMERKUNG Andere maulbrütende Betta-Arten sind ebenfalls friedfertig. Sie werden aber in der Regel größer und sind oft nicht nachzuzüchten.

Wulstlippiger Fadenfisch
Colisa labiosa

GRÖSSE Weibchen bis 8 cm, Männchen bis 9 cm
BESCHREIBUNG Die Männchen färben sich im Prachtkleid fast schwarz. Die Art ähnelt auf dem ersten Blick stark dem Gestreiften Fadenfisch *(Colisa fasciata)*, ist aber etwas gedrungener und kleiner. Die Männchen der beiden Arten sind leicht an der Form ihrer Afterflossen zu unterscheiden: Bei *labiosa* ist sie hinten abgerundet, bei *fasciata* zugespitzt.
VORKOMMEN Im Flussgebiet des Irawadi in Myanmar (Birma).
TEMPERATUR 25–28 °C
PFLEGE Stellt keine besondere Ansprüche. Gut für das schön bepflanzte Gesellschaftsaquarium mit anderen friedlichen Fischen geeignet. Selbst zur Fortpflanzungszeit sind die Wulstlippigen Fadenfische verhältnismäßig friedlich. Sie bauen Schaumnester an der Wasseroberfläche, bevorzugt zwischen Schwimmpflanzen. In einem 100-Liter Aquarium bringt man ein Paar oder ein Männchen mit zwei Weibchen unter.
ERNÄHRUNG Frisst ohne Probleme alle gängigen Futtersorten.
ZUCHT Einfach: Schaumnestbauer, Vaterfamilie.
BESONDERES Gelegentlich wird eine gelbliche oder orangefarbene Zuchtform angeboten. In der Pflege unterscheidet sie sich nicht von der Wildform. Das gilt auch für Gestreifte Fadenfische.

Zwergfadenfisch
Colisa lalia

GRÖSSE Männchen bis 5 cm, Weibchen bis 4 cm
BESCHREIBUNG Braunrot mit etwa 10 leuchtend blauen Querstreifen und einer leuchtend blauen Kehlpartie. Dem Weibchen fehlt die Farbigkeit der Männchen.
VORKOMMEN Im Einzugsbereich der großen nordindischen Ströme, auch in Nepal.
TEMPERATUR 26–28 °C
PFLEGE Im gut bepflanzten Aquarium mit ruhigen Mitfischen ideal zu halten. Das Männchen baut gern zwischen Schwimmpflanzen ein Nest. Das bleibt in der Regel aber harmlos. Im Hinblick auf Krankheiten und die Wasserzusammensetzung recht unempfindlich, verträgt aber nur sehr wenig Wasserströmung! Kurzlebig, wird nur selten älter als zwei Jahre. Empfehlung für ein 100-Liter-Aquarium: ein Männchen mit ein oder zwei Weibchen.
ERNÄHRUNG Keinerlei Ansprüche an das Futter, für Lebendfuttergaben dankbar.
ZUCHT Bei paarweisem Ansatz einfach. Die kleinen, mit Pflanzen stabilisierten Schaumnester gehören zu den sorgfältigsten Bauwerken bei Fischen. Vaterfamilie.
ANMERKUNG Es gibt mehrere Zuchtrassen im Handel: Blaue und rote Formen, Neon-Lalias und Regenbogen-Lalias. Sehr interessantes Verhalten (u. a. Beutespucken).

Honigfadenfisch
Colisa chuna

GRÖSSE Weibchen bis 4,5 cm, Männchen bis 4 cm
BESCHREIBUNG Männchen im Prachtkleid herrlich braunrot mit schwarzer Kehle und gelber Rückenflosse. In Normaltracht sind sie wie die Weibchen hellbraun mit dunklem Längsstreifen.
VORKOMMEN Brahmaputra-Tiefland, Nordindien, Nepal. Leben im Schwarm in Bächen und kleinen Flüssen, nach den Monsunregen errichten sie ihre Schaumnester in den überschwemmten Reisfeldern.
TEMPERATUR 25–28 °C
PFLEGE Empfehlenswerter, unproblematischer Fisch, lebhaft, aber völlig harmlos; oberflächenorientiert. Honigfadenfische eignen sich sowohl für das Art- wie auch für das Gesellschaftsaquarium mit nicht zu lebhaften Mitbewohnern. Schwimmpflanzen sollten vorhanden sein. Keine gehobenen Ansprüche an das Wasser. Für ein 100-Liter-Aquarium empfiehlt es sich, 5 Tiere zu kaufen, ideal: 2 Männchen und 3 Weibchen.
ERNÄHRUNG Nimmt Trockenfutter, gern gelegentlich auch Lebendfutter.
ZUCHT Schaumnestbauer, Vaterfamilie. In Abhängigkeit von der Herkunft der Tiere ist es manchmal schwierig, die Fische in Fortpflanzungsstimmung zu bringen!
ANMERKUNG Die kleinste und gleichzeitig lebhafteste Fadenfisch-Art. Die Männchen bleiben kleiner als die Weibchen! Wird gelegentlich als *Colisa sota* bezeichnet.

Schokoladengurami
Sphaerichthys osphromenoides

GRÖSSE Weibchen bis 5,5 cm, Männchen bis 6 cm
BESCHREIBUNG Seitlich stark zusammengedrückt mit ovaler Körperform. Dunkelbraun mit 3 bis 4 hellgelben Querstreifen. Die Geschlechter lassen sich nur schwer unterscheiden.
VORKOMMEN In stark verkrauteten, langsam fließenden Bächen mit oft dunkelbraunem Wasser im Süden der Malaiischen Halbinsel und in Sumatra. In ihrer Heimat nicht selten.
TEMPERATUR 28–30 °C
PFLEGE Anfällige Tiere, die nur in die Hand von Spezialisten gehören. Im Gesellschaftsaquarium sterben die meisten Tiere recht bald, obwohl Einzeltiere sich als robust erweisen können. Besser ist die Haltung im Artaquarium mit weichem, saurem Wasser bei schwacher Filterung und häufigem Teilwasserwechsel. Sehr empfindlich gegen Oodinium.
ERNÄHRUNG Die Fische sollten ausgesuchtes Lebendfutter bekommen (keine Tubifex, keine roten Mückenlarven)!
ZUCHT Nur etwas für ausgesprochene Experten. Maulbrüter.

Paradiesfisch, Makropode

Macropodus opercularis

GRÖSSE Männchen bis 8 cm, Weibchen bis 11 cm

BESCHREIBUNG Die Männchen tragen auf rotbraunem Grund blaue Querstreifen, ihre Rücken- und Afterflossen sind prächtig, die äußeren Schwanzflossenstrahlen sind leierartig verlängert.

VORKOMMEN In Südostchina in stehenden und langsam fließenden Gewässern.

TEMPERATUR 20–26 °C.

PFLEGE Paradiesfische sind in jeder Hinsicht genügsam und pflanzenfreundlich. Sie lieben zumindest stellenweise dicht bepflanzte Becken. Nicht zu starke Strömung! Wenn die Männchen in Laichstimmung kommen und am Wasserspiegel ihre Schaumnester errichten, können sie jedoch aggressiv und für zartere Mitbewohner zum Problem werden. Die Vergesellschaftung ist also nicht risikolos! Paarweise Haltung im 100-Liter-Aquarium.

ERNÄHRUNG Anspruchslos, nimmt jedes übliche Futter

BESONDERES Erster tropischer Aquarienfisch, der erstmalig 1869 nach Frankreich gelangte, 1876 nach Deutschland. Es gibt noch eine Form mit besonders großen Blauanteilen und eine albinotische Zuchtform. Die nur selten angebotenen Insel-Makropoden (*Belontia*-Arten) eignen sich wegen ihrer Größe nur zur gemeinsamen Haltung mit mittelgroßen Cichliden und Welsen.

Roter Spitzschwanzmakropode

Pseudosphromenus dayi

GRÖSSE Weibchen bis 6,5 cm, Männchen bis 7,5 cm

BESCHREIBUNG Ocker bis rosafarben mit zwei annähernd parallelen, dunklen Längsstreifen. Ausgezogene Afterflossen- und Schwanzspitzen, beim älteren Männchen oft eindrucksvoll. Unpaare Flossen rotbraun, leuchtend blau eingefasst.

VORKOMMEN Im südlichen Vorderindien (Malabarküste) nicht selten, leben sehr versteckt.

TEMPERATUR 25–26 °C

PFLEGE Genügsam in weichem und mittelhartem Wasser. Spitzschwanzmakropoden brauchen Unterschlüpfe und sollten nicht zu starker Strömung ausgesetzt werden. Friedlich, auch gegen Artgenossen. Vorschlag für ein 100-Liter-Becken: 2 Paare. Wegen ihrer zurückhaltenden Art sind Spitzschwanzmakropoden für größere Gesellschaftsaquarien weniger geeignet.

ERNÄHRUNG Keine besonderen Futteransprüche.

ZUCHT In kleinem, bepflanztem Aquarium mit Bruthöhle nicht schwer. Schaumnestbauer, Vaterfamilie.

BESONDERES Die Angaben zur Pflege und Zucht gelten auch für den nahen Verwandten *Pseudosphromenus cupanus*, den schwarzen Spitzschwanzmakropoden.

Knurrender Zwerggurami
Trichopsis pumila

GRÖSSE Weibchen bis 4,5 cm, Männchen bis 3,5 cm
BESCHREIBUNG Körper blassgelb, bei Auflicht türkis schimmernd. Zwei dunkle Körperlängsreihen, von denen besonders die obere in Einzelflecken aufgelöst ist. Geschlechtsbestimmung schwierig: Man kann den Eierstock reifer Weibchen bei genauer Betrachtung ausmachen, am besten im Gegenlicht.
VORKOMMEN Die Fische leben versteckt in dicht verkrauteten, stehenden Gewässern in Thailand.
TEMPERATUR 26–28 °C
PFLEGE Ideale Fische für gut bepflanztes Kleinaquarium. Sie sind robuster als sie aussehen, aber dennoch nicht für zu lebhafte Mitbewohner geeignet.
ERNÄHRUNG Nehmen anstandslos Trockenfutter, brauchen jedoch gelegentlich auch Lebendfutter oder zumindest Frostfutter.
ZUCHT Paarweiser Ansatz in einem gut mit Pflanzen und möglichst mit einer Kunsthöhle ausgestatteten Becken. Schaumnestbauer, Vaterfamilie.
BESONDERES Die Männchen geben bei der Balz deutlich wahrzunehmende knurrende Töne von sich. Ebenfalls sieht man gelegentlich die etwas größeren Knurrenden Guramis *(Trichopsis vittata)* im Handel. Sie sind auch für größere Becken geeignet.

Mosaikfadenfisch
Trichogaster leerii

GRÖSSE Weibchen bis 10 cm, Männchen bis 12 cm
BESCHREIBUNG Mosaikfadenfische stehen weit oben in der Rangordnung der schönsten Aquarienfische. Ihr Körper und die unpaaren Flossen sind mosaikartig gemustert und perlmuttartig glänzend. Männchen in Prachtfärbung mit orangefarbener bis tiefroter Kehle und Brust.
VORKOMMEN Südborneo, Sumatra, Süden der Malaiischen Halbinsel in flachen, warmen und verkrauteten Teilen von stillstehenden oder langsam fließenden Gewässern.
TEMPERATUR 27–29 °C.
PFLEGE Sehr friedliches und pflanzenfreundliches Tier, ideal für das ruhige Gesellschaftsaquarium mit nicht zu hartem Wasser. Mosaikfadenfische sind oberflächenorientiert und brauchen warme, strömungsarme Becken. Sie sollten nicht mit lebhaften Fischen gehalten werden, keine Barben als Beifische! – Vorschlag für ein 100-Liter-Aquarium: ein Männchen, zwei Weibchen.
ERNÄHRUNG Es genügt gutes Flockenfutter, gelegentlich Frostfutter.
ZUCHT Schaumnestbauer, Vaterfamilie. Nach guter Anfütterung mit Lebendfutter (Weiße Mückenlarven!) in separatem Zuchtbecken mit weichem Wasser. Paarweiser Ansatz.

Gebänderter Buschfisch
Microctenopoma fasciolatum

GRÖSSE Weibchen bis 7 cm, Männchen bis 8,5 cm
BESCHREIBUNG Etwa 7 unregelmäßige blaugrüne Querbinden an den Körperseiten. Bauchflossen der Männchen länger, oft blau gefärbt.
VORKOMMEN Zentralafrika: Kongogebiet in klaren, vegetationsreichen Uferzonen.
TEMPERATUR 24–26 °C
PFLEGE Tagaktiv. Friedlich und ziemlich genügsam. Weiches oder mittelhartes Wasser, nicht zu starke Wasserbewegung! Zur Haltung im Gesellschaftsaquarium ausgezeichnet geeignet, braucht aber viele deckungsgebende Pflanzen. Liebt vor allem auch Schwimmpflanzen, z. B. *Riccia*. Vorschlag: 1 Paar *M. fasciolatum* als Mitfische in einem 100-Liter-Aquarium. Eine der kleineren, schaumnestbauenden Buschfisch-Arten, die wirklich empfehlenswert ist.
ERNÄHRUNG Unproblematisch, nimmt jedes Futter. Gelegentlich Lebend- oder Frostfutter werden aber dankbar angenommen.
ZUCHT Schaumnestbauer, Zucht relativ einfach. Das Zuchtaquarium sollte nicht zu hell stehen.
ANMERKUNG Die Gattung hieß früher *Ctenopoma*. Auch die anderen kleinen schaumnestbauenden Buschfische *(Microctenopoma ansorgii)* sind gut für das Gesellschaftsaquarium geeignet. Sie brauchen jedoch weicheres Wasser und auch häufigere Lebendfuttergaben.

Punktierter Fadenfisch
Trichogaster trichopterus

GRÖSSE Weibchen bis 13 cm, Männchen bis 15 cm
BESCHREIBUNG Für die Wildform sind zwei schwarze Flecken auf dem blaugrauen bis graubraunen Körper typisch: einer in der Körpermitte, der andere in der Schwanzwurzel.
VORKOMMEN Häufigster Fadenfisch, der in ganz Südostasien vorkommt.
TEMPERATUR 24–28°C
PFLEGE Widerstandsfähiger Fisch, der gut für das bepflanzte, nicht zu kleine Gesellschaftsaquarium geeignet ist. Gelegentlich können einige Männchen allerdings ruppig werden. Man sollte Punktierte Fadenfische daher nicht mit zu zarten Mitfischen halten. Im 100-Liter-Aquarium sollte man nicht mehr als ein Paar Punktierte Fadenfische unterbringen.
ERNÄHRUNG Völlig unproblematisch. Nimmt jedes gängige Futter.
BESONDERES Häufiger als die Wildform findet man im Handel Zuchtrassen des *Trichogaster trichopterus*: Goldguramis, Silberguramis, Marmorierte Guramis (Cosby) und die Blauen Fadenfische. Sie unterscheiden sich in der Färbung, nicht aber in den anderen Merkmalen und Eigenschaften von der Wildform.
ZUCHT Vaterfamilie, Schaumnestbauer, relativ leicht im normal eingerichteten Zuchtbecken.

Küssender Gurami
Helostoma temminckii

GRÖSSE Bis 30 cm, bleiben im Aquarium kleiner.
BESCHREIBUNG Die eiförmigen Tiere mit der zugespitzten Schnauze sind unschwer an ihren „Kusslippen“ zu erkennen. Die Naturform ist einfarbig silbergrau. Häufiger begegnet man jedoch einer fleischfarbenen Zuchtform.
VORKOMMEN In Südostasien in träge fließenden Gewässern, in Teichen und Seen weitverbreitet. Wird als Speisefisch viel in Zuchtteichen gehalten!
TEMPERATUR 26–29 °C
PFLEGE Absolut friedliche und pflanzenfreundliche Labyrinthfische. Erwachsene Tiere sollten nur in großen Aquarien gehalten werden!
ERNÄHRUNG Braucht reichlich Futter (Trockenfutter mit viel pflanzlichen Anteilen).
BESONDERES Das Maul ist auf das Ausfiltern planktonischer Nahrung spezialisiert, auch auf das Ablutschen von Algenrasen. – Oft sieht man die Tiere beim „Küssen“. Da dieses Verhalten Bestandteil der Balz ist, ist diese Bezeichnung nicht ganz unpassend. Allerdings beobachtet man es auch bei rivalisierenden Männchen!

Faden-Prachtzwerggurami
Parosphromenus filamentosus

GRÖSSE Weibchen bis 3 cm, Männchen bis 3,6 cm
BESCHREIBUNG Zierliche Fische mit zwei schwarzen Längsstreifen auf ockerfarbenen Grund. Schwanzflosse mit fadenartig verlängertem Mittelstrahl, der beim Männchen bis 4 mm lang wird.
VORKOMMEN Nicht selten in SO-Borneo in kleinen, langsam fließenden und gut bewachsenen, bzw. verkrauteten Gewässern.
TEMPERATUR 25–28°C
PFLEGE Braucht wie alle Prachtzwerggguramis ein Artbecken mit Wurzelverstecken oder Steinhöhlen, weiches, leicht saueres Wasser (Torffilter) und feines Lebendfutter. Anspruchsvoller Fisch, der jedoch robuster als die meisten anderen *Parosphromenus*-Arten ist.
BESONDERES Fadenprachtzwergguramis sind Höhlenlaicher. Die Männchen besetzen in Fortpflanzungsstimmung eine Höhle (Steinhöhle, umgekehrter Blumentopf), zu denen sie mit sehenswerten Balzspielen die Weibchen herbeilocken. Die freischwimmende Brut hält sich noch einige Tage im Bereich der Höhle auf und frisst frisch geschlüpfte *Artemia-Nauplien* (Salzkrebs-Larven). Gelegentlich werden im gut eingerichteten Artbecken einige Jungtiere von selbst groß. Einer der empfehlenswertesten Zwergguramis.

Mondscheinfadenfisch
Trichogaster microlepis

GRÖSSE Weibchen bis 15 cm, Männchen bis 18 cm
BESCHREIBUNG Einfarbig silbrig, oft blauviolett schimmernd. Bauchflossenfäden der Männchen orange, bei den Weibchen farblos oder gelblich.
VORKOMMEN In Kambodscha und Mittelthailand häufig in verkrauteten Teilen von stillstehenden oder langsam fließenden Gewässern. Wird hier als Speisefisch gefangen.
TEMPERATUR 27– 29 °C
PFLEGE Friedliches und pflanzenfreundliches Tier, ideal für das ruhige Gesellschaftsaquarium mit nicht zu hartem Wasser. Keine gesteigerten Ansprüche an das Futter oder die Wasserzusammensetzung.
BESONDERHEIT Fortpflanzungswillige Männchen werden oft ausgesprochen ruppig gegenüber dem Weibchen. Sie sammeln dann auch verschiedene Pflanzenteile ein, aus denen sie, vermischt mit Schaumblasen, ein sehr großes Nest bauen. Diese Probleme sind im Gesellschaftsaquarium allerdings kaum zu befürchten, da die Fische sich normalerweise nur in größeren, gut bepflanzten Zuchtbecken fortpflanzen.
ZUCHT Abwechslungsreiches Lebendfutter, weiches Wasser und hohe Temperaturen. Dann können Mondscheinfadenfische sehr produktiv sein!

Zwergbuschfisch
Microctenopoma nanum

GRÖSSE Weibchen bis 6,5 cm, Männchen bis 7,5 cm
BESCHREIBUNG Die senkrechten Flossen weisen im Gegensatz zu *M. fasciolatum* (👁 S. 83) keine Flecken auf. Am Körper 6 bis 8 Querstreifen. In Prachtfärbung sind die Männchen fast schwarz.
VORKOMMEN Südkamerun, Gabun, Kongobecken, weite Teile Angolas in kleinsten beschatteten Fließgewässern des Regenwaldes.
TEMPERATUR 24–25 °C
PFLEGE Relativ problemlos. Sie lieben gut bepflanzte Becken und sind auch für das Gesellschaftsaquarium mit friedfertigen Beifischen geeignet. Wasser mittelhart, besser weich. Lebendfutter wird bevorzugt.
ZUCHT Die Tiere bauen in geschützten Lagen an der Wasseroberfläche ein Schaumnest, unter dem sie ablaichen. Das Männchen übernimmt die Brutpflege. Kurz vor dem Freischwimmen der Kleinen sollte man das Nest mit der Brut herausholen und in ein gesondertes Becken überführen. Aufzucht mit feinstem Lebendfutter und Artemien.
ANMERKUNG früher *Ctenopoma*

Gebänderter Kampffisch
Betta taeniata

GRÖSSE Weibchen bis 6 cm, Männchen bis 8 cm
BESCHREIBUNG Auffallendes Merkmal bei beiden Geschlechtern sind auf den Kiemendeckeln jeweils zwei leuchtend blaue oder grünliche Flecken. Die unpaaren Flossen sind ebenfalls hellblau gerandet. Die Männchen haben größere Flossen und sind farbiger.
VORKOMMEN Betta taeniata lebt versteckt zwischen abgefallenem Laub am Grund langsam fließender Gewässer im Süden von Sarawak (Borneo, Ostmalaysia).
TEMPERATUR 25–27 °C
PFLEGE Leicht zu pflegende Tiere, deren Haltung in weichem Wasser und mit Lebendfutter leicht ist. Am besten hält man die Tiere im Artbecken.
ZUCHT Das Paar umschlingt sich in Bodennähe. Die Eier werden in die Körperbeuge des Männchen abgelegt. Anschließend übernimmt das Weibchen den Laich und übergibt ihn dem Männchen von Maul zu Maul. Der Vater trägt die Eier und die Larven etwa 10 Tage im Maul. Nachzuchten sind wie bei vielen maulbrütenden Bettas bei Wildfängen leicht zu erzielen, bei Nachzuchttieren jedoch ausgesprochen problematisch.

Kleiner Kampffisch
Betta imbellis

GRÖSSE Weibchen bis 4 cm, Männchen bis 5 cm
BESCHREIBUNG Die Männchen färben sich in Laichstimmung fast schwarz, ihre Körperschuppen glänzen blau. Teile der Flossen sind leuchtend rot gefärbt. Die Weibchen sind ockerfarben und haben kürzere Flossen. Laichbereite Weibchen sind hell mit mehreren unregelmäßigen dunklen Querstreifen und haben eine deutlich erkennbare weiße Laichpapille.
VORKOMMEN Malaiische Halbinsel, Betta imbellis lebt bevorzugt in strömungsarmen, pflanzenreichen Gewässern, also in Seen und Reisfeldern.
TEMPERATUR 26–28 °C
PFLEGE Keine besonderen Ansprüche an das Wasser und das Futter. Zur Vergesellschaftung sind nur kleinere und nicht zu hektische Beifische geeignet. Als Revierfische bekämpfen sich die Männchen untereinander. In gut bepflanzten Art-Becken mit einer Oberfläche von 80 x 30 cm können – neben mehreren Weibchen – vier Männchen gemeinsam gehalten werden.
ZUCHT Nicht schwer. Die Männchen errichten Schaumnester und übernehmen nach dem Laichvorgang die Pflege der Eier und der Brut bis zum Freischwimmen. Danach pflegt man die Kleinen gesondert.
Erstfutter: Frisch geschlüpfte Artemien, also Salzkrebslarven.

Rotflossensalmler
Aphyocharax anisitsi

GRÖSSE Bis 5 cm
BESCHREIBUNG Gestreckter, silbrig erscheinender Salmler mit deutlichem Rot im unteren Teil der Schwanzflosse sowie in den Bauch- und Afterflossen. Die Männchen erkennt man am sichersten an feinen Widerhäkchen an den vorderen Afterflossenstrahlen, mit denen sie sich beim Herausfangen leicht im Netz verfangen.
VORKOMMEN Aus Paraguay und dem nordwestlichen Argentinien
TEMPERATUR 18–28 °C
PFLEGE Ein pflegeleichter, munterer Salmler, der auch mit hartem und basischem Wasser gut zurechtkommt. Die Fische halten sich bevorzugt in den oberen Wasserschichten auf. Ihrer Herkunft entsprechend können sie gut auch bei relativ niedrigen Temperaturen über längere Zeit gehalten werden. Eignen sich als friedliche Schwarmfische für jedes Gesellschaftsbecken.
ERNÄHRUNG Ausdauernder Allesfresser, der gern das übliche Standard-Flockenfutter nimmt.
ZUCHT Einfach, am besten im Schwarmansatz. Es empfiehlt sich jedoch ein Laichrost oder ein Bodenbelag mit groben Kieseln, denn die Fische sind ausgeprägte Laichräuber.

Trauermantelsalmler
Gymnocorymbus ternetzi

GRÖSSE Die Männchen erreichen 4 cm, die Weibchen bis zu 5,5 cm.
BESCHREIBUNG Unverkennbar durch seine gedrungene, hochgebaute Gestalt mit den deutlich ausgeprägten, tiefschwarz gefärbten Rücken- und Afterflossen. Auch der Hinterkörper ist dunkel, im Vorderkörper drei senkrechte, dunkle Querstreifen. Mit dem Heranwachsen verblassen die schwarzen Farbtöne, aber deren Intensität ist auch von der Wassertemperatur und der jeweiligen Stimmung der Fische abhängig.
VORKOMMEN Im Stromgebiet des Rio Paraguay
TEMPERATUR 20–26 °C
PFLEGE Ein friedlicher, ruhiger Schwarmfisch, der keine gehobenen Ansprüche stellt. Er kommt gut auch in hartem und basischem Wasser zurecht. Gegen Krankheitserreger wenig anfällig. Wirkt wie die meisten Salmler am ehesten in besonders in den Randzonen dichter bepflanzten, sonst etwas dunkleren Becken mit dunklem Bodengrund. Gedeiht aber auch in helleren Becken.
ERNÄHRUNG Nimmt ohne Probleme Flockenfutter und andere der üblichen Futtersorten.
ANMERKUNG Gelegentlich trifft man eine schleierflossige Mutante an.

Glühlichtsalmler
Hemigrammus erythrozonus

GRÖSSE Bis 4 cm
BESCHREIBUNG Ein zierlicher, relativ gestreckt gebauter Hemigrammus, der vor allem durch seinen orangerot leuchtenden Körperlängsstreifen ausgezeichnet ist. Der Leuchtstreifen beginnt am Augenoberrand und endet in der Schwanzwurzel. Die Flossen sind mit Ausnahme der Brustflossen mit weißlichen Kanten versehen. Ansonsten ist das Fischchen unscheinbar gefärbt. Die Weibchen sind größer und kräftiger und an der eher rundlichen Bauchpartie zu erkennen.
VORKOMMEN Beheimatet in kleinen Regenwaldgewässern in Britisch-Guyana
TEMPERATUR 22–25 °C
PFLEGE Die absolut friedlichen Schwarmfische sollten wie alle *Hemigrammus*-Arten nur im kleinen Schwarm gehalten werden, also mindestens zu sechst, besser mehr. Es versteht sich, dass die Fischchen sich nur in Gesellschaft kleiner Beifische wohl fühlen. Zum Wohlbefinden gehört auch ein etwas abgeschattetes Aquarium (z. B. Schwimmpflanzen). In zu hellen Aquarien wirken diese Tiere auch nicht. Auch der Bodengrund sollte nicht zu hell sein. Die Wasserwerte sind nur für die Zucht von Bedeutung. Allerdings sind geringere Härtegrade und ein schwach saurer pH-Wert für die Lebensdauer der Tiere günstig.
ERNÄHRUNG Ein unkomplizierter Allesfresser, der mit dem normalen Flockenfutter zufrieden ist.

Kupfersalmler
Hasemania nana

GRÖSSE Die Fische erreichen knapp 5 cm Länge
BESCHREIBUNG Ockerfarben, teilweise mit einem rötlichen Einschlag. Typisch ist ein dunkler, hell eingefasster Dreiecksfleck in der Schwanzflossenbasis, der sich nach vorn hin längsstreifenartig ausdehnt. Die Spitzen der Rücken-, After- und Schwanzflossen sind auffallend weiß. Bei genauerem Hinsehen erkennt man, dass *Hasemania* im Gegensatz zu den meisten ihrer Verwandten keine Fettflosse besitzen. Die Männchen bleiben schlanker als die Weibchen.
VORKOMMEN Kolumbien, aus dem Stromgebiet des Rio Sao Francisco, aus kleinen Bächen und Quellflüssen. Auch aus Brasilien werden Fundorte gemeldet.
TEMPERATUR 22–28 °C
PFLEGE Eine friedliche Art, die als kleiner Schwarm sich in jedes Südamerikabecken mit friedlichen und nicht zu großen Fischen gut einfügt. Die Fische lieben Strömung und sauerstoffreiches Wasser, sind aber nicht besonders anspruchsvoll. Sie bevorzugen jedoch gedämpftes Licht und lieben es, sich gelegentlich auch in eine pflanzenreichere Zone zurückzuziehen.
ERNÄHRUNG Normales Flockenfutter
ZUCHT Die Zucht und die Aufzucht der kleinen Hasemania gestaltet sich für den geübten Salmlerzüchter als einfach. Allerdings ist die Art nicht sonderlich produktiv.

Laternenträger
Hemigrammus ocellifer

GRÖSSE Gut 4 cm
BESCHREIBUNG Ein gedrungener gebauter Salmler, der sich gern flossenzuckend am Rande eines Pflanzendickichts aufhält. Typisch ist der nach vorn ausgezogene Dreiecksfleck, der sich in der Schwanzwurzel befindet. Er ist nach oben und vorne von einem golden leuchtenden Fleck eingerahmt, daher der Name Laternenträger oder Schlußlichtsalmler. Auch der obere Teil der Augeniris leuchtet orangefarbig bis rot. Die Weibchen sind in der Regel etwas größer und rundlicher als die Männchen.
VORKOMMEN Guyana, Surinam und das Ausstromgebiet des Amazonas.
TEMPERATUR 22–26 °C
PFLEGE Der bereits 1910 erstmals eingeführte Fisch ist seitdem beliebter und vielfach nachgezüchteter Aquarienfisch. Die Tiere sind ausgesprochen pflegeleicht und unempfindlich. Aber natürlich gilt auch für sie, dass sie als Salmler zu hartes und zu basisches Wasser weniger gut vertragen. Selbstverständlich sollten auch sie nur im Schwarm gehalten werden. In dunkleren Becken und mit friedlichen Beifischen zeigen sie erst ihre Schönheit.
ERNÄHRUNG Normales Flockenfutter
ZUCHT Einfach und auch in mittelhartem Wasser möglich.
ANMERKUNG Man unterscheidet zwei Unterarten, den *H. o. ocellifer* und *H. o. falsus*. *H. o. ocellifer* hat einen dunklen Schulterfleck, der eine weitere golden leuchtende Zone mehr oder weniger überlagert.

Karfunkelsalmler
Hemigrammus pulcher

GRÖSSE Bis 4,5 cm
BESCHREIBUNG Eine gedrungene, hochrückige Art. Unterer Teil des Schwanzstiels schwarz, mehr oder wenig grün schimmernd. Darüber im oberen Teil des Schwanzstiels ein gold- bis orangefarbener Leuchtstreifen. In der vorderen Körperpartie ein ebenso leuchtender Schulterfleck. Weibchen rundlicher und in der Färbung meist matter als die Männchen.
VORKOMMEN Aus dem Gebiet des Amazonenstroms, zumeist aus dunklen Waldgewässern.
TEMPERATUR 23–27 °C
PFLEGE Ein besonders attraktiver, sehr friedlicher Salmler, der sich aber nur im Schwarm und in dunkleren Aquarien wohl fühlt. In pflanzenarmen und zu hell beleuchteten Becken ohne dunkel gehaltene Rückzugszonen zeigen die Tiere nicht ihre Leuchtfarben. Im Hinblick auf die Wasserbeschaffenheit sind Karfunkelsalmler etwas anspruchsvoll. Sie sollten in weichem, leicht saurem Wasser gehalten werden. Die Beifische sollten ebenfalls friedfertig sein.
ERNÄHRUNG Karfunkelsalmler nehmen anstandslos das übliche Flockenfutter, sind aber für gelegentliche Gaben von Frostfutter sehr dankbar.
ANMERKUNG Die Unterart *H. p. pulcher* ist im oberen Amazonas beheimatet. Die seltener angebotene Unterart *H. p. haraldi* stammt aus dem Bereich des mittleren Amazonas bei Manaus.

Blutsalmler
Hyphessobrycon callistus

GRÖSSE 4 cm
BESCHREIBUNG Am Körper einheitlich rot mit schwarzem Schulterfleck und schwarz in der Rückenflosse und im äußeren Teil der Afterflosse. Weibchen runder und höher.
VORKOMMEN Aus dem südlichen Amazonasbereich und dem Paraguay-Becken.
TEMPERATUR 22–28 °C
PFLEGE Attraktive Schwarmfische, die in der Regel im gut eingerichteten Gesellschaftsbecken gehalten werden können. Allerdings hört man immer wieder von Blutsalmlern, die andere Fische und ihresgleichen anfressen, vermutlich eine Folge einseitiger Ernährung. Das Wasser sollte weich bis mittelhart und möglichst leicht sauer sein. Eine leider nur kurzlebige Art, die selten älter als zwei Jahre wird.
ERNÄHRUNG Abwechslungsreiches Futter, Futterflocken und möglichst auch Lebendfutter.
ANMERKUNG Es gibt eine Reihe ähnlicher, nahe verwandter Formen, deren wissenschaftliche Abgrenzung noch nicht endgültig ist.

Perezsalmler
Hyphessobrycon erythrostigma

GRÖSSE Bis 6 cm, Weibchen bleiben kleiner
BESCHREIBUNG Hochgebauter Salmler mit rotem, etwa augengroßen Fleck hinter dem Brustflossenansatz. Erwachsene Männchen mit auffälliger sichelförmig verlängerter Rückenflosse, die überwiegend schwarz gefärbt ist.
VORKOMMEN Aus Kolumbien und dem oberen Amazonasbecken.
TEMPERATUR 23–28 °C
PFLEGE Ein ruheliebender, friedlicher Schwarmfisch. Sollte auch nur mit anderen ruhigen Arten gehalten werden. Das Wasser sollte möglichst nicht härter als 12 °dGH und leicht sauer sein. Es empfiehlt sich Torffilterung. Die Fische wirken am besten über dunklem Boden.
ERNÄHRUNG Liebt kräftiges Lebendfutter, besonders Mückenlarven; nimmt jedoch auch Kunstfutter.
ZUCHT Schwieriger als die Zucht der meisten anderen Salmler.
ANMERKUNG Anderer Name: Kirschflecksalmler.

Roter vom Rio
Hyphessobrycon flammeus

GRÖSSE Bis 4 cm.
BESCHREIBUNG Hochgebautes, großäugiges Fischchen das vor allem im hinteren Körperbereich wie rosig überhaucht zu sein scheint. Mit zwei undeutlichen dunklen Körperquerstreifen im vorderen Bereich. Die Afterflossen der Männchen sind deutlich rot, die der Weibchen viel heller.
VORKOMMEN Stammt aus dem östlichen Brasilien aus der Umgebung von Rio de Janeiro.
TEMPERATUR 22–28 °C
PFLEGE Einer der ersten Aquarienfischen unter den Salmlern und einer der empfehlenswertesten, auch wenn er etwas aus der Mode gekommen ist. Ein besonders friedlicher Schwarmfisch, der ausgesprochen pflegeleicht ist. Wenngleich er unter schwierigeren Bedingungen leben kann, bevorzugt auch der Rote von Rio weicheres und leicht saures Wasser. Wirkt am besten in dunkleren, gut bepflanzten Aquarien.
ERNÄHRUNG Unproblematischer Allesfresser, der aber natürlich gelegentlich für Lebend- oder Frostfuttergaben dankbar ist.
ZUCHT Einfach, gelingt manchmal auch im dicht bepflanzten Artaquarium.

Schwarzer Neon
Hyphessobrycon herbertaxelrodi

GRÖSSE 4 cm
BESCHREIBUNG Ein relativ schlanker Hyphessobrycon mit auffallendem weißlich leuchtenden Längsstreifen vom oberen Kiemendeckelrand zur oberen Schwanzwurzel. Darunter kontrastreich schwarz, das nach unten hin in Grau übergeht. Oberer Augenrand rot.
VORKOMMEN Aus dem südlichen Brasilien (Mato Grosso).
TEMPERATUR 23–27 °C
PFLEGE Schwarmfische, die fast immer in Bewegung sind. Sie lieben nicht zu helle, stellenweise dicht bepflanzte Becken mit weichem, saurem Wasser (Torffilterung). Als Mitbewohner im Gesellschaftsaquarium eignen sich andere friedliche Salmler, Panzerwelse und *Apistogrammas*.
ERNÄHRUNG Sollte abwechslungsreich gefüttert werden und neben Flockenfutter auch verschiedene Frostfuttersorten und gelegentlich auch Lebendfutter bekommen.

Dreibandsalmler
Hyphessobrycon heterorhabdus

GRÖSSE Etwa 4,5 cm
BESCHREIBUNG Ein schlanker Salmler, dessen typisches Kennzeichen ein Körperlängsband ist, das aus drei Farbzonen besteht. Der oberste Teil des Bandes ist deutlich rot, direkt darunter verläuft ein silbrig helles Band und direkt darunter ein breiteres schwarzes. Die obere Hälfte der Augeniris ist leuchtend rot.
VORKOMMEN Aus dem Rio Tocantins in Brasilien.
TEMPERATUR 23–28 °C
PFLEGE Ein friedlicher Schwarmfisch für das Amazonas-Gesellschaftsaquarium. Bevorzugt wie die meisten *Hyphessobrycon*-Arten weiches, nicht zu hartes Wasser mit leichter Strömung und nicht zu starke Beleuchtung.
ERNÄHRUNG Auch die Dreibandsalmler brauchen abwechslungsreiche Nahrung und sollten gelegentlich auch Lebendfutter bekommen.
ZUCHT Die Vermehrung ist nur in sehr weichem Wasser möglich.

Schmucksalmler
Hyphessobrycon bentosi

GRÖSSE Bis 4,5 cm
BESCHREIBUNG Gedrungen gebaute Salmler mit mehr oder weniger rosafarbenen, gelegentlich sogar kräftig rot gefärbten Körpern. Bauch-, After- und Schwanzflossen weisen oft satte Rottöne auf. Direkt oberhalb des Brustflossenansatzes ein dunkler Fleck, der aber nicht immer deutlich ist. Typisch sind die im äußeren Teil schwarz gefärbten Rückenflossen. Sie sind beim Weibchen weiß gerandet, bei den Männchen dagegen lang sichelartig ausgezogen.
VORKOMMEN Aus dem tropischen Südamerika.
TEMPERATUR 24–28 °C
PFLEGE Die attraktiven Fische sind friedlich und gut für das Gesellschaftsaquarium mit ruhigen Südamerikanern geeignet. Sie bevorzugen leicht strömendes Wasser, das nicht zu hart und leicht sauer sein sollte. Aquarium nicht zu hell und stellenweise gut bepflanzen!
ERNÄHRUNG Nimmt Flockenfutter, gelegentliche Frostfuttergaben empfohlen.
BESONDERES Es sind zwei Unterarten bekannt: *Hyphessobrycon bentosi bentosi* zeigt nur gelegentlich den Schulterfleck und stammt aus dem Amazonasbereich. Die etwas schlankere Unterart *H. b. rosaceus* ist vorwiegend in Guyana und Surinam zu Hause. Der Status von „*robertsi*“, einer besonders prächtig ausgefärbten Form mit besonders großen Rückenflossen (Sichelsalmler), ist noch nicht geklärt.

Zitronensalmler
Hyphessobrycon pulchripinnis

GRÖSSE 4,5 cm
BESCHREIBUNG Gelblich getönter Hyphessobrycon mit besonders schön gefärbter Afterflosse: Sie ist im vorderen Teil sichelartig verlängert und kräftig gelb und insgesamt schwarz gerandet. Der obere Teil der Iris leuchtet knallrot. Der schwarze Rand in der Afterflosse ist beim Männchen besonders deutlich.
VORKOMMEN Aus kleinen, stark verkrauteten Bächen im mittleren Brasilien.
TEMPERATUR 23–28 °C
PFLEGE Ein schwimmlustiger, friedlicher Schwarmfisch, der wie die allermeisten südamerikanischen Salmler weiches und saures Wasser vorzieht. Gut mit anderen friedlichen Südamerikanern zu halten. Wirkt aber nur in Becken mit gedämpftem Licht! In zu hartem Wasser und bei grellem Licht farblos und wenig attraktiv. Bei guter Pflege empfehlenswert und ausdauernd.
ERNÄHRUNG Nimmt gern auch Flockenfutter, keine besonderen Ansprüche. Offenbar ist die Ausfärbung von der Zusammensetzung des Futters abhängig (Farbfutter!).
ANMERKUNG Wird gelegentlich in Übersetzung des wissenschaftlichen Namens auch als Schönflossensalmler bezeichnet.

Schwarzer Phantomsalmler
Megalamphodus megalamphodus

GRÖSSE Bis 4,5 cm
BESCHREIBUNG Hochgebaute, relativ großäugige Fische mit auffallend großen Rücken- und Afterflossen. Die graue bis schwarze Grundfärbung ist nicht nur geschlechts- und stimmungsabhängig, sie ist auch altersbedingt. Im Alter lässt sie nach. Für beide Geschlechter ist ein großer schwarzer Schulterfleck typisch, der außen von einer hellen Zone umgeben ist. Die Flossen der erwachsenen Männchen sind wesentlich großflächiger als die der Weibchen.
VORKOMMEN Stammt aus dem Einzugsgebiet des Rio Guapore in Zentralbrasilien.
TEMPERATUR 22–27 °C.
PFLEGE Eine pflegeleichte, sehr empfehlenswerte Art für das Gesellschaftsaquarium mit anderen friedlichen Fischen. Immer im Schwarm halten! Besonders das Balzverhalten der Männchen ist eindrucksvoll, ist aber letztlich immer harmlos. Kann auch in mittelhartem, neutralen Wasser gehalten werden, liebt aber die Möglichkeit, sich zwischen Pflanzen unterzustellen. Liebt auch die Deckung von Schwimmpflanzen.
ERNÄHRUNG Flockenfutter, gelegentlich Gaben von Frostfutter.

Roter Phantomsalmler
Megalamphodus sweglesi

GRÖSSE Etwa bis 4 cm
BESCHREIBUNG Gedrungen gebauter Fisch mit gelb-rötlicher Grundfärbung, mit einem etwas kleineren Schulterfleck als beim Schwarzen Phantomsalmler. Auch die Flossen ausgewachsener Männchen sind beim Roten Phantomsalmler kleiner. Die Rückenflossen der Weibchen sind auffallend mehrfarbig rot, schwarz und weiß.
VORKOMMEN Aus dem nördlichen Südamerika
TEMPERATUR 20–24 °C
PFLEGE Empfehlenswert, aber wesentlich empfindlicher als der Schwarze Phantomsalmler. Braucht weiches, saures Wasser und vor allem relativ niedrige Temperaturen. Wichtig: der regelmäßige Teilwasserwechsel. Als Mitfische eignen sich andere ruhige Salmler, Zwergbuntbarsche und kleine Panzerwelse. Phantomsalmler sollten immer im Schwarm gehalten werden!
ERNÄHRUNG Möglichst abwechslungsreich und neben Flockenfutter auch feines Lebendfutter oder Frostfutter.

Brillantsalmler
Moenkhausia pittieri

GRÖSSE Bis 6 cm
BESCHREIBUNG Nur auf den ersten Blick unscheinbarer Fisch mit grauer Grundfarbe. Ausgewachsene Männchen haben fahnenartig lang ausgezogene Rückenflossen und einige Körperschuppen glänzen wie Brillantsplitter (Name!). Der obere Irisrand leuchtet kräftig rot.
VORKOMMEN Aus dem See Valencia in Venezuela und der näheren Umgebung
TEMPERATUR 24–28 °C.
PFLEGE Interessanter Schwarmfisch, der aber ausreichend Schwimmraum braucht und einige Ansprüche an das Wasser stellt: Es sollte weich und sauer sein und vor allem regelmäßig gewechselt werden. Torffilterung ist zu empfehlen. Friedlich gegenüber seinesgleichen und anderen Fischen. Wirkt aber nur in einem gut bepflanzten Aquarium mit gedämpftem Licht.
ERNÄHRUNG Lebendfutter und Flockenfutter.
ANMERKUNG Richtig prächtig sehen die Diamantsalmler erst aus, wenn sie fast ausgewachsen sind.

Kaisersalmler
Nematobrycon palmeri

GRÖSSE Bis 5,5 cm
BESCHREIBUNG Körper blaugrün irisierend, Färbung vom Lichteinfall abhängig. Untere Körperhälfte dunkel. Auge leuchtend blaugrün. Schwanzflosse mit verlängerten Mittelstrahlen, besonders beim Männchen. Weibchen kleiner.
VORKOMMEN Aus dem Rio San Juan und seinen Nebenflüssen in Kolumbien.
TEMPERATUR 23–27 °C
PFLEGE Eine Ruhe liebende Salmlerart, die im Hinblick auf die Wasserwerte relativ anspruchslos und hart ist. Kein typischer Schwarmfisch, die Männchen sind untereinander oft unverträglich und bilden in größeren Aquarien gern Reviere. Aus diesem Grund ist beim Kaisersalmler paarweise Haltung durchaus sinnvoll und möglich. Auch gegen andere Fische sind diese Salmler gelegentlich unduldsam. Sie sind daher für das typische Gesellschaftsaquarium nur bedingt zu empfehlen. Bei guter Pflege sehr ausdauernde Art.
ERNÄHRUNG Flockenfutter, gelegentlich auch dankbar für Frostfutter.

Rotaugen-Moenkhausia
Moenkhausia sanctaefilomenae

GRÖSSE Bis 6 cm
BESCHREIBUNG Körper relativ hoch, stark silberglänzend. Schwanzbasis mit breitem schwarzem Querband, davor eine kleine gelbliche Zone. Der obere Irisrand ist blutrot. Die Weibchen sind fülliger.
VORKOMMEN Beheimatet im südlichen Teil des Amazonasbeckens und im Einzugsbereich des Rio Paraguay.
TEMPERATUR 22–27 °C
PFLEGE Wegen seiner Erscheinung und seiner Anspruchslosigkeit einer der beliebtesten Aquarienfische. Kommt auch in leicht basischem und härterem Wasser gut zurecht. Sollte immer im Schwarm gehalten werden. Unproblematisch auch in der Vergesellschaftung.
ERNÄHRUNG Nimmt anstandslos Flockenfutter jeder Art.
ZUCHT Zur Vermehrung bringt man auch diese Salmler in weichem, leicht saurem Wasser unter. Freilaicher, der gern zwischen den Wurzeln von Schwimmpflanzen oder an grüner Perlonwatte ablaicht. Laichräuber! Aufzucht der Jungen mit feinstem Staubfutter.

Roter Neon

Cheirodon axelrodi

GRÖSSE 4 cm
BESCHREIBUNG Ähnelt sehr dem Neonsalmler. Im Unterschied zu diesem Fischchen erstreckt sich beim Roten Neonsalmler die Rotfärbung auf weiteste Teile der Unterseite bis hin zur Kehle, lediglich eine kleine Bauchpartie bleibt silbrig. Die Männchen sind deutlich schlanker als die etwas größer werdenden Weibchen.
VORKOMMEN Verbreitet in weiten Teilen des Amazonasbeckens und im Bereich des Orinoco.
TEMPERATUR 23–27 °C
PFLEGE Empfehlenswert für das Amazonas-Gesellschaftsaquarium mit anderen friedlichen Fischen der entsprechenden Größe. Nur im, nach Möglichkeit, großen Schwarm halten! Braucht gedämpftes Licht und zumindest stellenweise dichtere Bepflanzung. Vorzugsweise weiches oder nur mittelhartes Wasser. Empfindlicher als *Paracheirodon innesi* im Hinblick auf die chemischen Wasserwerte. Auch wenn sie vielfach relativ hartes Wasser kurzfristig ertragen, sterben sie nach einigen Monaten an Nierenversagen. Bei guten Wasserbedingungen und regelmäßigem Teilwasserwechsel ausdauernd.
ERNÄHRUNG Nimmt Flockenfutter, feines Lebendfutter und Frostfutter.
ANMERKUNG Zucht in sehr weichem, sehr saurem Wasser möglich. Die meisten Tiere im Handel sind aber Wildfänge aus dem Bereich des Rio Negro.

Neonsalmler

Paracheirodon innesi

GRÖSSE 4 cm
BESCHREIBUNG Großäugiges, farbenprächtiges Fischchen: Vom Auge zieht sich schräg zur Fettflosse ein hellblau irisierendes Band. Auch die Iris des Auges ist leuchtend hellblau. Unterhalb des blauen Bandes im Bereich des Schwanzstiels ein breites blutrotes Band. Die Männchen sind wesentlich schlanker als die größeren Weibchen, mit ihrer deutlich gerundeten Bauchlinie.
VORKOMMEN Stammt vom Oberlauf des Amazonas aus Brasilien und Peru.
TEMPERATUR 20–24 °C. Achtung: Die Temperatur sollte wirklich nicht höher sein!
PFLEGE Ein friedliches, ideal für ein Gesellschaftsaquarium geeignetes Fischchen, das nur im Schwarm gehalten werden sollte; je größer der Schwarm, desto besser für die Fische und für unser Auge! Vorsicht vor zu großen Beifischen, die Neons als Futter ansehen könnten (Segelflosser!). Das Wasser ist im Idealfall weich und sauer, jedoch vertragen eingewöhnte Neonfische auch ungünstigere Verhältnisse. Gute Bepflanzung, ein nicht zu heller Bodengrund und ein regelmäßiger Wasserwechsel sind allerdings nötig. Dann können Neonfische bis zu 10 Jahren alt werden. Empfindlich gegen die „Neonkrankheit" Plistophora.
ERNÄHRUNG Flockenfutter.
ZUCHT Eine Sache für Spezialisten: Neons brauchen zur Zucht sehr sauberes, nicht zu warmes Wasser. Es sollte sehr weich (1 bis 2 °dGH) und sehr sauer (pH 5 bis 6) sein.

Sternflecksalmler
Pristella maxillaris

GRÖSSE 4,5 cm
BESCHREIBUNG Ein relativ hoch gebauter Fisch, zart gelbgrün mit dunklem Schulterfleck. Rücken- und Afterflosse kräftig gelb mit großem tiefschwarzem Fleck und weißlichem Rand. Schwanzflosse rötlich. Weibchen deutlich kräftiger und etwas größer.
VORKOMMEN Vom unteren Amazonas, aus Guayana und Venezuela.
TEMPERATUR 24–28 °C
PFLEGE Ein sehr empfehlenswertes Fischchen, da sehr anspruchslos und schön. Ein friedlicher Schwarmfisch, der sich für das Südamerika-Gesellschaftsaquarium ausgezeichnet empfiehlt. Auch wenn er an das Wasser keine besonderen Bedingungen stellt, zeigt er seine ansprechenden Farben nur in weicherem Wasser. Besonders gut wirken die Fische bei gedämpftem Licht über dunklem Bodengrund.
ERNÄHRUNG Nimmt anstandslos alles Flockenfutter.
ANMERKUNG War früher unter dem Namen Pristella riddlei bekannt. Zutreffend ist auch der heute wenig gebräuchliche Name „Wasserstieglitz“.

Schrägschwimmer
Thayeria boehlkei

GRÖSSE Bis 8 cm
BESCHREIBUNG Mit gestrecktem, seitlich zusammengedrücktem Körper, der untere Schwanzflossenlappen ist vergrößert. Wie der deutsche Name ausdrückt, stehen die Tiere oft mit den Flossen zuckend schräg im Wasser, mit dem Kopf nach oben. Silbrig mit auffallendem schwarzen Längsband, das sich bis an das Ende des unteren Schwanzflossenlappens hinzieht. Die Weibchen sind ein bisschen kräftiger und etwas größer.
VORKOMMEN Ist im größten Teil des Amazonasgebietes weit verbreitet.
TEMPERATUR 22–28 °C
PFLEGE Ein sehr friedlicher Schwarmfisch, ideal für jedes Gesellschaftsbecken. Recht anspruchslos im Hinblick auf die Wasserhärte. Wegen seiner Nitritempfindlichkeit ist aber ein regelmäßiger Teilwasserwechsel sehr wichtig.
ERNÄHRUNG Nimmt ohne Schwierigkeiten Flockenfutter.
ANMERKUNG Ähnlich im Aussehen und in der Haltung ist der Pinguinsalmler *Thayeria obliqua*. Auch dieser Schrägschwimmer hat den schwarzen unteren Schwanzflossenlappen. Nach vorne hin verläuft sich der Streifen aber bereits unter der Rückenflosse.

Kongosalmler
Phenacogrammus interruptus

GRÖSSE Bis 8,5 cm, die Weibchen bleiben mit maximal 6 cm Körperlänge kleiner.
BESCHREIBUNG Mit auffallend großen Schuppen. Prächtiger Fisch, der je nach Lichteinfall grün, golden oder blau schimmert. Flossen rauchgrau, teilweise weiß gesäumt. Der Mittelteil der Schwanzflosse ist bei den Männchen zipfelartig verlängert.
VORKOMMEN Aus dem Stromgebiet des Kongo (Zaire).
TEMPERATUR 24–27 °C
PFLEGE Ein schwimmfreudiger Schwarmfisch, der in Becken ab etwa 1 m Länge in mindestens 6 Exemplaren gehalten werden sollte. Das Wasser sollte leicht sauer, die Härte nicht über 18 °dGH sein, besser niedriger. Ein regelmäßiger Teilwasserwechsel ist wichtig. Etwas scheu, daher nicht mit zu lebhaften Beifischen halten! Braucht neben ausreichend freiem Schwimmraum auch Versteckplätze (dichte Pflanzen). Vergreift sich gelegentlich an zarten Wasserpflanzen! Daher nicht immer unproblematisch!
ERNÄHRUNG Grobes Flockenfutter, Lebendfutter, Frostfutter.

Marmorierter Beilbauch
Carnegiella strigata

GRÖSSE Bis 4,5 cm
BESCHREIBUNG Mit fast gerader Rückenlinie und tief ausgebuchtetem Brustteil und großen, flügelartigen Brustflossen. Seitlich stark zusammengedrückt, Rückenflosse nach hinten versetzt. Mit dunklem Körperlängsstreifen und schräg nach hinten verlaufenden Streifen im unteren Körperbereich.
VORKOMMEN Im mittleren Südamerika.
TEMPERATUR 24–29 °C
PFLEGE Nicht einfach, denn die Fische verlangen weiches, saures und sauberes, ziemlich stark strömendes Wasser. Zur Vergesellschaftung eignen sich nur sehr friedliche Arten, die bevorzugt in den unteren Bodenschichten leben (Zwergbuntbarsche, kleine Panzerwelse). Immer im Schwarm zu fünft (oder besser mehr!) halten. Becken gut abdecken! Sehr anfällig gegen *Ichthyophtirius*, die Pünktchenkrankheit.
ERNÄHRUNG Lebendfutter, besonders Mückenlarven, Essigfliegen, Flohkrebse. Trockenfutter reicht auf Dauer nicht.
BESONDERES Der ausgefallene Körperbau hängt mit einer faszinierenden Fähigkeit zusammen: Beilbauchfische schnellen sich aus dem Wasser heraus und sind in der Lage, mit schwirrenden Bewegungen ihrer Brustflossen zu fliegen! Es gibt zwei Unterarten, die sich aber nur in der Anordnung des Streifenmusters unterscheiden.

Prachtkopfsteher
Anostomus anostomus

GRÖSSE Bis 18 cm
BESCHREIBUNG Spindelförmiger Körper, mit kleiner, oberständiger Maulspalte. Die Fische haben auf jeder Seite drei breite schwarze Längsstreifen auf gelbem Grund. Die Flossen sind stellenweise rot getönt, besonders die Schwanzflosse am Ansatz. Typischerweise stehen sie mit dem Kopf schräg nach unten. Weibchen deutlich fülliger und größer als die Männchen.
VORKOMMEN Im Amazonasgebiet weit verbreitet.
TEMPERATUR 22–28 °.
PFLEGE Der Größe entsprechend werden größere Aquarien gebraucht, wenn man die Fische im Schwarm halten will. Dann sollten es aber sieben oder mehr Tiere sein, da es sonst leicht zu nachhaltigen Raufereien und Verletzungen kommen kann. Besser ist paarweise Haltung. Friedlich gegenüber anderen Mitbewohnern, Vorsicht jedoch bei Segelflossern und Diskus, die sie abweiden und dabei verletzen, unter Umständen umbringen. Wasseransprüche nicht groß, bevorzugen aber natürlich weicheres und leicht saures, strömendes Wasser.
ERNÄHRUNG Gern wird am Algenaufwuchs geknabbert. Daneben nehmen die Fische Flockenfutter (bevorzugt mit hohem Pflanzenkost-Anteil), Lebendfutter, gern auch gebrühten Salat.

Blinder Höhlensalmler
Anoptichthys jordani

GRÖSSE Bis zu 9 cm
BESCHREIBUNG Weißlich-farbloser Salmler, der nur durch das durchschimmernde Blut etwas rosafarben erscheint. Die Augen der erwachsenen Fische sind vollständig zugewachsen.
VORKOMMEN In Zentralmexiko bei Ciudad Valles in dem Kalkstein-Höhlensystem Cueva Chica.
TEMPERATUR 15–26 °C
PFLEGE Ideale Fische für ein speziell eingerichtetes Artenbecken ohne Pflanzen. Man sollte versuchen ein Höhlen-Biotop-Aquarium zu gestalten! Zur Dekoration also nur Kalkgestein und nur eine möglichst schwache Beleuchtung! Der pH Wert des Wassers sollte bei 7,5 bis 8 liegen. Die bewegungsfreudigen Fische sind nicht sauerstoffbedürftig. Höhlensalmler wirken nur im Schwarm mit Artgenossen und fühlen sich auch nur dann wohl. Auf andere Beifische verzichten! Ihr hoch entwickelte Seitenliniensystem und ihr Geruchssinn dienen zur Orientierung und führen sie zum Futter. Sie nehmen Trockenfutter, sehr gern auch Tubifex.
ZUCHT Einfach, da der Laich sehr unempfindlich ist. Allerdings sind die Eltern und die anderen Beckenbewohner arge Laichräuber! Die Jungfische haben in den ersten Lebenstagen noch voll funktionsfähige Augen und nehmen nach dem Freischwimmen zerquetschte Tubifex und fein geriebenes Flockenfutter!

Spritzsalmler
Copella arnoldi

GRÖSSE Männchen bis 8 cm, Weibchen bis maximal 6 cm Körperlänge.
BESCHREIBUNG Hellbräunlich gefärbte, lang gestreckte Fischchen mit deutlich verlängerten oberen Schwanzflossenzipfeln. Ein kleiner schwarzer Streifen verläuft vom Augenvorderrand zur Maulspitze; typische Schwarzzeichnung in der Rückenflosse.
VORKOMMEN Aus dem unteren Amazonasbereich, oft im Überschwemmungsgebiet in Tümpeln.
TEMPERATUR 25–29 °C
PFLEGE Ein sehr friedlicher Fisch, der im Schwarm, aber auch paarweise gehalten werden kann. Hält sich gut auch in mittelhartem Wasser.
ERNÄHRUNG Nimmt Flockenfutter, gern aber auch kleines Lebendfutter.
ZUCHT Das Fortpflanzungsverhalten der Spritzsalmler ist einmalig und kann auch im Heimaquarium beobachtet werden (Artbecken!). Das Paar springt zum Ablaichen aus dem Wasser um an der Deckscheibe – im Freiwasser an einem über dem Wasserspiegel hängenden Pflanzenblatt! – abzulaichen. Das Gelege bleibt an der (evtl. vorher etwas angerauten) Scheibe haften. Das Männchen bewacht die Brut und hält das Gelege feucht, indem es immer wieder die Eier mit gezielten Schwanzflossenschlägen anspritzt! Die nach knapp 30 Stunden geschlüpften Larven werden auf diesem Wege auch ins Wasser geschwemmt.

Spitzmaulziersalmler
Nannobrycon eques

GRÖSSE Bis 5 cm
BESCHREIBUNG Die oft auch als Schrägsteher bezeichneten Fischchen stehen gern mit dem Kopf schräg nach oben gerichtet im Wasser. Hellgraubraun mit fünf dunklen Fleckenlängsreihen auf dem Rücken. Auffallender ist eine schwarze, hinten dunkelweinrote Längsbinde, die von der Schnauze bis in den unteren Schwanzflossenlappen zieht und diesen ausfüllt. Afterflosse rot mit bläulich-weißem Saum. Bei Dunkelheit ändert sich das Farbmuster total: Die Längsbinde verschwindet und wird durch zwei schräge, dunkle Querbinden ersetzt.
VORKOMMEN Mittleres Amazonasgebiet und Einzugsbereich des Rio Negro im Uferbereich kleiner, verkrauteter Gewässer.
TEMPERATUR 23–28 °C
PFLEGE Im Hinblick auf die Wasserverhältnisse nicht sonderlich empfindlich, wenn man nicht gerade züchten will. Brauchen aber Ruhe und dicht bepflanzte Zonen. In Gesellschaftsaquarien besteht die Gefahr, dass die zierlichen Fische bei der Fütterung zu kurz kommen.
ERNÄHRUNG Feines Lebendfutter, feines Trockenfutter.
ANMERKUNG Ein wenig robuster ist *Nannobrycon unifasciatus*; sehr ähnlich der vorigen Art, aber mit ungezeichnetem Rücken und etwas langgestreckter.

Längsbandziersalmler
Nannostomus beckfordi

GRÖSSE Bis 6 cm.
BESCHREIBUNG Eine variable Art; die Fettflosse fehlt. Auf mehr oder weniger rötlichem Grund eine kräftige schwarze Längsbinde, die an der Schnauzenspitze beginnt und in der unteren Hälfte der Schwanzwurzel endet. Die rötliche bzw. rote Grundfärbung ist vom Geschlecht, vom Alter und von der Stimmung, vor allem von der Herkunft abhängig. Besonders farbenprächtig ist die von der Insel Aripiranga stammende Lokalrasse, der Aripiranga-Ziersalmler.
VORKOMMEN Verbreitet im mittleren und nordöstlichen Teil von Südamerika.
TEMPERATUR 24–26 °C
PFLEGE Ausgezeichnet für die Pflege in einem nicht zu lebhaften Südamerika-Gesellschaftsaquarium geeignet. Ein harmloser, recht ruhiger Schwarmfisch, der keine übertriebenen Ansprüche an das Wasser stellt. Auch in schwach basischem und mittelhartem Wasser noch gut zu halten.
ERNÄHRUNG Flockenfutter ist in der Regel ausreichend.
ANMERKUNG Auch diese Fische zeigen eine typische Nachtfärbung.

Zwergziersalmler
Nannostomus marginatus

GRÖSSE Bis 3,5 cm
BESCHREIBUNG Ein ansprechender kleiner Fisch: Auf gelblichem Grund drei schwarze Körperlängsbinden. Die Rücken-, Bauch- und Afterflossen sind rot gefärbt. Eine Fettflosse fehlt. Die Weibchen haben einen deutlich runderen Körper.
VORKOMMEN Surinam und Guyana
TEMPERATUR 24–26 °C
PFLEGE Das kleine, sehr friedliche und etwas schüchterne Fischchen ist nicht für das große Gesellschaftsaquarium geeignet. Dagegen ist gegen eine Vergesellschaftung mit anderen kleinen und gleichermaßen friedfertigen Fischen nichts auszusetzen, denn trotz ihrer geringen Größe sind die Zwergziersalmler anspruchslos und recht unempfindlich. Natürlich bevorzugt auch diese Art weiches Wasser und liebt zumindest teilweise dichte Bepflanzung.
ERNÄHRUNG Feines Flockenfutter und kleines Lebendfutter (Artemien!).

Prachtschmerle
Botia macracantha

GRÖSSE Bis 15 cm, im Freiwasser sogar bis 30 cm.
BESCHREIBUNG Dekorativer Fisch: auf gelblichem Grund mit drei kräftigen schwarzen Querstreifen. Die Rückenflosse und die Afterflosse sind in weiten Teilen ebenfalls schwarz, die übrigen Flossen dagegen rot.
VORKOMMEN Aus fließenden und stehenden Gewässern der indonesischen Inseln Sumatra und Borneo.
TEMPERATUR 25–29 °C
PFLEGE Kein Gesellschafter für ruhebedürftige Fische! Die Fische sollten deshalb Unterstände aus Wurzeln oder entsprechende Höhlen bekommen; auch teilweise Pflanzendickichte. Da die Fische gern im Boden wühlen, sollten die Pflanzen durch Steine gut verankert werden. Das Aquarium für Prachtschmerlen muss ausreichend groß sein (nicht unter 1 m Seitenlänge). Fließendes, nicht zu hartes Wasser. Regelmäßiger Wasserwechsel ist angesagt. Empfindlich gegen *Ichthyophtirius*, die Pünktchen-Krankheit.
ERNÄHRUNG Allesfresser, die Flockenfutter (gern auch auf Pflanzenbasis) und Frostfutter nehmen.
BESONDERES Wie auch andere Schmerlen können Prachtschmerlen knackende Geräusche von sich geben.

Schachbrettschmerle
Yasuhikotakia sidthimunki

GRÖSSE Etwa 3 cm
BESCHREIBUNG Eine schlanke, kleine Schmerle mit hoch gebautem Schwanzstiel. Auf hellem Grund ein aus schwarzen Flecken zusammengesetzter Körperlängsstreifen. Im Rückenbereich ein entsprechender Streifen. Die Flecken sind untereinander verbunden, so dass ein schachbrettartiges Muster entsteht
VORKOMMEN Aus kleinen Gewässern im Norden Thailands
TEMPERATUR 25–28 °C
PFLEGE Ein lebhafter, friedlicher Fisch, den man im kleinen Schwarm halten sollte. Die schwimmfreudigen Fische zeigen sich gern auch tagsüber. Gut zusammen mit kleinen *Rasboras* unterzubringen. Weiches, leicht saures Wasser, regelmäßiger Teilwasserwechsel! Sandiger Bodengrund, stellenweise auch dichtere Bepflanzung.
ERNÄHRUNG Ein Allesfresser, der gut mit den verschiedensten gängigen Futtersorten zurecht kommt.
BESONDERES Die kleinste bekannte Schmerle. Sie wird daher gern auch als Zwergschmerle bezeichnet. Ist leider oft nur schwer zu bekommen. Früher Gattung *Botia*.

Siamesische Saugschmerle
Gyrinocheilus aymonieri

GRÖSSE Wird in der Natur bis 25 cm lang, die langsam wüchsigen Fische bleiben im Aquarium aber wesentlich kleiner.
BESCHREIBUNG Lang gestreckter, niedrig gebauter Fisch mit unterständigem Maul. Die breiten Lippen sind mit Raspelfalten versehen, die zum Abweiden von Algenrasen dienen. Zeichnung und Färbung sehr variabel.
VORKOMMEN Fließgewässer in Thailand und Laos.
TEMPERATUR 24–28 °C
PFLEGE Eine sehr anspruchslose Art, die keine besonderen Ansprüche an das Wasser hat. Sie liebt veralgte Aquarien und die Möglichkeit, hier unter Wurzeln und zwischen Pflanzen Ruhe zu finden. Speziell jüngere Tiere sind aber viel unterwegs, um die Algenrasen abzuweiden. Langlebig. Gegen Artgenossen leicht aggressiv, daher am besten Einzelhaltung. Anderen Fischen gegenüber zumeist friedlich, aber es gibt auch hier traurige Ausnahmen.
ERNÄHRUNG Die Fische sind spezialisierte Aufwuchsfresser und lieben daher Algennahrung. Daneben nehmen sie mit zunehmendem Alter gern auch Flockenfutter, speziell dann, wenn es zum großen Teil auf Pflanzlicher Basis hergestellt wurde.
ANMERKUNG Ein fast noch besserer Algenvernichter ist im Aquarium die Siamesische Rüsselbarbe *(Epalzeorhynchus siamensis)*.

Geflecktes Dornauge
Acanthophthalmus kuhlii

GRÖSSE Bis 12 cm
BESCHREIBUNG Wurmartig lang gestreckte Fischchen mit kleinem Kopf. Auf dunkelbraunem Grund mehrere gelbe Körperquerstreifen. Unter den Augen jeweils zweispitzige Dornen.
VORKOMMEN Hinter- und Inselindien.
TEMPERATUR 24– 30 °C
PFLEGE Nachtaktive Tiere, die sich tagsüber gern im weichen Bodengrund vergraben. Ausdauernd, wenn sie bei der Fütterung nicht zu kurz kommen. Sie wünschen sich weiches und leicht saures Wasser.
ERNÄHRUNG Vorzugsweise Lebendfutter, nehmen aber auch andere Futtersorten. Leicht kommen Dornaugen bei der Fütterung zu kurz, da die anderen Fische ihnen nichts übrig lassen. Daher sollten sie abends nach dem Ausschalten der Beleuchtung noch gesondert gefüttert werden.
WEITERES Es gibt aus bestimmten Gegenden des Verbreitungsgebiets unterschiedlich gemusterte Unterarten. Im Verhalten und in der Pflege unterscheiden sie sich aber nicht. Entsprechendes gilt auch für die anderen Dornaugen-Arten wie *A. semicinctus* und *A. shelfordi*. Wegen ihrer ausgefallenen, wurmartigen Gestalt werden Dornaugen gern gekauft. Sie sind jedoch aufgrund ihrer sehr versteckten Lebensweise keine Fische, die mit gutem Gewissen empfohlen werden können.

Metallpanzerwels
Corydoras aeneus

GRÖSSE Bis 7 cm
BESCHREIBUNG Die beigefarbenen Welse schimmern metallisch bläulich oder grün. Vom Auge verläuft oft bogig ein gold glänzender heller Seitenstreifen. Bauch hellbraun, Flossen weitgehend farblos. Weibchen größer und fülliger als die Männchen.
VORKOMMEN Häufig in großen Teilen Amazoniens, auch auf Trinidad und im La Plata. In kleineren, langsam fließenden Gewässern.
TEMPERATUR 18–28 °C
PFLEGE Keine besonderen Ansprüche an die Wasserzusammensetzung. Panzerwelse brauchen weichen Sandgrund, zumindest stellenweise. Sie sind leicht mit anderen friedlichen Fischen zu vergesellschaften. Tagaktiv! Im Trupp mit Artgenossen pflegen, im 100-Liter-Aquarium 5 bis 6 Tiere.
ERNÄHRUNG Vergleichsweise anspruchslos, Trockenfutter und Frostfutter reichen
ZUCHT Vergleichsweise leicht .

Panda-Panzerwels
Corydoras panda

GRÖSSE Bis 5 cm
BESCHREIBUNG Gedrungener Panzerwels. Grundfarbe beige. Über den Augen ein tiefschwarzer Streifen. Etwa gleich große Flecken in der Rückenflosse und am Schwanzstiel. Weibchen größer und gedrungener als die Männchen.
VORKOMMEN Im peruanischen Amazonas-Tiefland im Bereich des Rio Ucayali.
TEMPERATUR 20–24 °C
PFLEGE In gut gefiltertem Becken einfach. Brauchen wie alle Panzerwelse zumindest stellenweise sandigen Bodengrund zum Wühlen. Pflanzenfreundlich und völlig friedfertig. Im Trupp pflegen! Empfehlung für ein 100-Liter-Aquarium: mindestens fünf Tiere, besser mehr.
ERNÄHRUNG Keine gehobenen Ansprüche an das Futter, gerne auch Tubifex.
ZUCHT Relativ unproblematisch, allerdings nicht sonderlich produktiv.

Marmorierter Panzerwels
Corydoras paleatus

GRÖSSE Bis 7 cm
BESCHREIBUNG Panzerwels mit bräunlicher Grundfärbung mit unregelmäßigen helleren und dunkleren Flecken. Auch in den unpaaren Flossen wiederholt sich das Fleckenmuster. Weibchen deutlich größer und fülliger als die Männchen.
VORKOMMEN In Südostbrasilien und im Bereich des La Plata
TEMPERATUR 18–25 °C
PFLEGE Anspruchsloser, tagaktiver Wels. Pflege der lebhaften, aber völlig harmlosen Welse im kleinen Trupp mit Artgenossen (mindestens fünf Tiere im 100-Liter-Becken). Wichtig: weicher Sandgrund, zumindest stellenweise. Ideal für ein gut bepflanztes Gesellschaftsaquarium mit südamerikanischen Salmlern.
ERNÄHRUNG Trockenfutter und gelegentlich Frostfutter reichen.
BESONDERES Laicht oft schon im Gesellschaftsbecken. Gelegentlich werden im Handel albinotische Panzerwelse (Weißlinge mit roten Augen) angeboten

Antennen-Harnischwelse
Ancistrus spec.

GRÖSSE Bis 15 cm
BESCHREIBUNG Saugwels, Körper braun mit unregelmäßigen dunkleren Flecken. Plumpe Erscheinung. Breiter Kopf; erwachsene Männchen am Oberkopf mit verzweigten antennenartigen Fortsätzen.
VORKOMMEN In Südamerika weitverbreitet, sowohl in schnellfließenden wie auch in fast stillstehenden Gewässern.
TEMPERATUR 20–28 °C
PFLEGE Sehr anspruchsloser, ausdauernder Wels, der Höhlen braucht und Holzwurzeln. Wichtig ist Wasserströmung, also ein Filter! Absolut friedlich gegenüber anderen Fischen, Männchen untereinander aggressiv.
ERNÄHRUNG Braucht pflanzliche Nahrung (z. B. gelegentlich gebrühter Salat), Tablettenfutter.
ZUCHT Relativ unproblematisch. Sie ist selbst im Gesellschaftsaquarium möglich, wenn man das brutpflegende Männchen nach der Eiablage mit der Brutröhre und dem Laich in ein gesondertes Becken überführt.
BESONDERES Die Artzuordnung der meisten Antennen-Harnischwelse ist schwierig, oft werden sie als *„Ancistrus dolichopterus“* bezeichnet.

Bratpfannenwels
Dysichthys coracoideus

GRÖSSE Bis 15 cm lang
BESCHREIBUNG Skurril geformter Fisch mit sehr breitem, verknöchertem Kopf und entsprechend breitem Maul. Färbung bräunlich mit dunkelbraunen Flecken.
VORKOMMEN Nur langsam fließende Regenwaldbäche in Amazonien, vorwiegend im dicht mit Laub bedeckten Uferbereich zwischen den Blättern („Laubwels").
TEMPERATUR 23–27 °C
PFLEGE Keine besonderen Ansprüche an das Wasser; aber leichte Filterung oder Durchlüftung ist trotzdem angebracht. Da die Fische fast ganztägig ruhig im Versteck liegen, bringt man sie am besten in einem Spezialaquarium unter. In Gemeinschaft von Hummelwelsen und Corydoras auch tagsüber aktiv, jedenfalls bei der Fütterung.
ERNÄHRUNG Vorzugsweise grobes Futter am Boden. Sehr gerne Tubifex, aber auch größere Regenwürmer! Kleine Mitfische, die sich nachts in Bodennähe aufhalten, werden gefressen!
ZUCHT Ist bereits gelungen. Hierzu weiches, leicht saures Wasser.
BESONDERES Vorsicht beim Hantieren mit Bratpfannenwelsen. Sie können mit ihren Brustflossenstacheln unangenehme Verletzungen verursachen!

Störwelse
Sturisoma-Arten

GRÖSSE Bis 30 cm
BESCHREIBUNG Attraktive, bräunliche Saugwelse mit schlankem, sehr langem Schwanzstiel und vergrößerten Brust- und Rückenflossen. Breiter Kopf mit spitzem „Nasenfortsatz" (Rostrum). 15 Arten, die nicht immer leicht voneinander zu unterscheiden sind.
VORKOMMEN In Südamerika in schnell fließenden Gewässern.
TEMPERATUR Je nach Art 20–26 °C
PFLEGE Sturisoma-Arten benötigen ein großes Aquarium (Beckenlänge mindestens 1 m!), leicht saures, weiches Wasser, starke Wasserströmung (Filter). Es empfiehlt sich für das Algenwachstum eine gute Beleuchtung. Nur ruhige Beifische (z. B. Zwergcichliden). Trotz der Größe sind es besonders friedliebende Saugwelse, die sich auch tagsüber zeigen.
ERNÄHRUNG Braucht pflanzliche Nahrung, Algen, Salat, zerquetschte Erbsen, Tablettenfutter.
ZUCHT Einige Arten werden regelmäßig nachgezogen.

Streifen-Harnischwels
Panaque nigrolineatus

GRÖSSE In der Natur bis 60 cm, im Aquarium selten bis 25 cm
BESCHREIBUNG Sehr attraktiver Saugwels, daher auch als „Royal"-Harnischwels bezeichnet! Hochrückig. An den Körperseiten ca. 8 schwärzliche Streifen auf hellem Grund. Streifen und Zwischenstreifen etwa gleichbreit. Bei jüngeren Tieren Iris und Irislappen kupferrot.
VORKOMMEN Venezuela, Kolumbien, Ecuador, bevorzugt in schnellfließenden, relativ kühlen Gebirgsbächen.
TEMPERATUR 21–25 °C
PFLEGE Möglichst großes Aquarium. Nicht empfindlich im Hinblick auf die Wasserwerte, braucht aber sauerstoffreiches, stark bewegtes Wasser (leistungsfähiger Filter!). Sein scharfes Raspelmaul toleriert nur hartblättrige Pflanzen! Auch Kabel und Schläuche sind gefährdet! Holzunterstände (auch zum Abraspeln) sind besonders wichtig. Anderen Fischen gegenüber harmlos.
ERNÄHRUNG Algenfresser, der im Hinblick auf das Futter anspruchslos ist, gebrühter Salat, Gurkenscheiben, Futtertabletten.
ANMERKUNG Der dunkel gefärbte Blauaugenharnischwels *Panaque suttoni* ist in Haltung und Pflege vergleichbar, wenngleich etwas weniger anspruchsvoll.

Gefleckter Kaktuswels
Pseudacanthicus leopardus

GRÖSSE Ca. 30 cm
BESCHREIBUNG Die ersten Flossenstrahlen zu Stachel umgebildet, alle Knochenplatten mit kräftigen Dornen (Kaktuswels!). Besonders attraktiv: Körper und Flossen auf hellem Grund dicht mit großen schwarzen Flecken. Erster Teil der Rückenflosse und äußere Partien der Schwanzflosse orangerot!
VORKOMMEN Fließgewässer aus dem Bereich des Rio Negro und des brasilianischen Teils des Amazonas.
TEMPERATUR Um 25 °C
PFLEGE Nur für große Aquarien und hartblättrige Pflanzen! Natürlich wird weiches, leicht saures Wasser bevorzugt, aber die Wasserwerte sind zweitrangig; die Fische brauchen jedoch unbedingt strömendes Wasser (kräftiger Filter!) und Wurzelholz. Bei Revierkämpfen können Artgenossen leicht verletzt werden!
ERNÄHRUNG Kaktuswelse fressen anstandslos sowohl tierisches als auch pflanzliches Futter.
BESONDERES Vorsicht beim Herausfangen der Kaktuswelse, Verletzungsgefahr! In Fangnetzen verhaken die Fische sich sehr leicht! Früher wurde diese Art unter der Bezeichnung L 144 angeboten. Die Zucht soll bereits gelungen sein.

Zebra-Schilderwels
Hypancistrus zebra

GRÖSSE Ca. 10 cm
BESCHREIBUNG Kleiner Saugwels mit großen, oben am Kopf stehenden Augen. Kennzeichnend ist die attraktive Schwarz-Weiß-Streifung. Wenige schwarze Schrägstreifen im Kopfbereich, ein Querstreifen über dem Kiemendeckel der in die Brustflossen zieht und mehrere Körperlängsstreifen, die sich in den relativ großen Flossen fortsetzen.
TEMPERATUR 23–26 °C
VORKOMMEN Aus fließenden Gewässern im Gebiet des Rio Xingu, Südamerika
PFLEGE Zebra-Schilderwelse sind ausgesprochen friedlich. Sie eignen sich vorzüglich auch für etwas kleinere Aquarien ab 70 cm Beckenlänge. Sie verlangen jedoch sauberes Wasser und Strömung (Filter, regelmäßiger Wasserwechsel!).
ERNÄHRUNG Möglichst abwechslungsreich, es sollte gelegentlich auch Lebendfutter oder Tiefkühlfutter dabei sein.

Wabenschilderwels
Glyptoperichthys gibbiceps

GRÖSSE Bis 50 cm
BESCHREIBUNG Wegen der riesigen Rückenflosse oft auch als „Segel-Schilderwels“ bezeichnet. Auf braunem Grund mit zahlreichen schwärzlichen Flecken.
TEMPERATUR 23–27 °C
VORKOMMEN Peru, Brasilien. Lebt in langsam strömenden Gewässern, oft in Trupps. Gräbt in lehmige Steilufer Bruthöhlen, die zur Niedrigwasserzeit trocken fallen.
PFLEGE Die dekorativen Fische brauchen im Hinblick auf die zu erwartende Endgröße sehr große Aquarien (180 cm Beckenlänge, besser mehr). Leistungsfähiger Filter und regelmäßiger Wasserwechsel sind nötig, wenngleich die Ansprüche an die Wasserwerte eher gering sind. Friedlicher Wels, der völlig tolerant gegenüber anderen Mitbewohnern ist und meist auch Pflanzen nicht behelligt.
ERNÄHRUNG Algen, Futtertabletten.
ZUCHT Wabenschilderwelse wurden bereits im Aquarium gezüchtet.

Kap Lopez
Aphyosemion australe

GRÖSSE Männchen bis 6 cm, Weibchen bleiben kleiner
BESCHREIBUNG Lang gestreckter Oberflächenfisch, Männchen sehr farbig. Schwanzflosse erwachsener Männchen zweizipfelig mit breiten gelben Rändern oben und unten, im Mittelteil mit roten Flecken und Streifen.
VORKOMMEN Westliches Afrika
TEMPERATUR 21–24 °C
PFLEGE Friedlicher Fisch, am besten im Artbecken oder mit anderen *Aphyosemion* und den nahestehenden *Roloffia*-Arten zusammen halten. Dabei genügen auch relativ kleine Becken. Becken gut bepflanzen, Schwimmpflanzen, gedämpfte Beleuchtung und Torfschicht. Wasser weich und mäßig sauer .
ERNÄHRUNG Vorzugsweise Lebendfutter jeder Art, aber auch Frostfutter und gelegentlich Trockenfutter.
ZUCHT Am einfachsten in kleinem Zuchtbecken, das weiches, schwach saures Wasser und Torffilterung hat. Zuchtansatz: ein Männchen, 2 bis 3 Weibchen. Laichsubstrat feinblättrige Pflanzen oder Perlonfasern. Die Eier täglich vorsichtig mit den Fingern ablesen und in ein Aufzuchtbecken mit entsprechendem Wasser überführen. Die Brut schlüpft nach etwa 14 Tagen.

Gebänderter Prachtkärpfling
Aphyosemion bivittatum

GRÖSSE Bis etwa 5 cm.
BESCHREIBUNG Lang gestreckt, Männchen größer und viel farbiger: je nach Lichteinfall in Blau- und Goldtönen schillernd mit sehr großer Rückenflosse und zweizipfliger Schwanzflosse.
VORKOMMEN In kleinen Tümpeln Westafrikas.
TEMPERATUR 21–24 °C
PFLEGE Am besten im Artbecken oder mit Gattungsangehörigen. Wasser möglichst weich und neutral bis leicht sauer, Torfboden. Becken kann klein sein; braucht aber dichte Bepflanzung!
ERNÄHRUNG Vorzugsweise Lebendfutter, einige Tiere nehmen auch Frostfutter.
ANMERKUNG Die Prachtkärpflinge der Gattungen *Aphyosemion* und *Roloffia* gehören wirklich zu den schönsten Aquarienfischen, sind aber etwas für Spezialisten. Es gibt zahlreiche, sehr bunte Arten, die meisten sind wie *A. bivittatum* zu halten und zu züchten. Die Männchen können untereinander sehr unfriedlich sein, manchmal ist man zu paarweiser Haltung gezwungen. Fast alle brauchen Lebendfutter und werden als so genannte Saisonfische nur selten älter als zwei Jahre. Man sollte versuchen, sie nachzuzüchten!

Querbandhechtling
Epiplatys dageti

GRÖSSE Bis 6 cm
BESCHREIBUNG Oberflächenfische von hechtartigem Äußeren: schlank, breites, nach oben gerichtetes Maul, weit nach hinten versetzte Rückenflosse. Grünlich schillernd, ein schwarzer Schrägstreifen am Maul, Querstreifen auf dem Kiemendeckel und am Körper. Die Männchen werden größer und haben eine zugespitzte Afterflosse sowie an der Schwanzflosse einen schwertartigen Fortsatz.
VORKOMMEN In Sumpfgebieten Westafrikas
TEMPERATUR 22–25 °C
PFLEGE Oberflächenfische, die gut mit etwa gleich großen Fischen vergesellschaftet werden können. Auch wenn die Männchen sich gelegentlich untereinander befehden, kann man in ausreichend großen Aquarien mehrere von ihnen gemeinsam unterbringen. Schwimmender Sumatrafarn (evtl. auch *Riccia*) sollte nicht fehlen. Hier suchen die Tiere Deckung, hier laichen sie auch gern zwischen den ins Wasser hängenden Wurzeln ab. Sie brauchen aber auch ausreichend Platz zum Ausschwimmen. Wasser weich bis mittelhart, schwach sauer bis neutral.
ERNÄHRUNG Nehmen gern Futterflocken, sollten als echte Raubfische aber hin und wieder möglichst Lebendfutter bekommen.
ZUCHT Leicht. Regelmäßig die mit Eiern besetzten Sumatrafarne in gesondertes Zuchtbecken überführen! Jungfische nach Größenklassen sortieren, da kannibalisch!

Black Molly
Poecilia sphenops

GRÖSSE Männchen bis 8 cm, Weibchen bis 12 cm.
BESCHREIBUNG Black Mollies sind die schwarze Zuchtform der unscheinbar graugrün gefärbten Spitzmaulkärpfline. Black Mollys sind am ganzen Körper tiefschwarz gefärbt. Es gibt Zuchtrassen mit segelartigen Rückenflossen (die teilweise orange gesäumt sind) und welche mit großen, oben und unten spitz ausgezogenen Schwanzflossen. Männchen erkennt man leicht an der zum Begattungsorgan umgestalteten Afterflosse (Gonopodium).
VORKOMMEN Spitzmaulkärpflinge stammen aus den Süß- und Brackgewässern Mittelamerikas.
TEMPERATUR 25– 29 °C
PFLEGE Sehr friedliche Fische, die gerne Algen abweiden. Sie sind wärmeliebend und brauchen mittelhartes und hartes Wasser. Gegebenenfalls benötigen sie sogar etwas Zugabe von Kochsalz! Da die meisten anderen Fische eher weiches Wasser brauchen, ist die Vergesellschaftung nicht immer einfach. In zu weichem Wasser kränkeln Mollys und werden nicht alt. Empfindlich gegen *Oodinium* und *Ichthyophtirius*.
ERNÄHRUNG Flockenfutter mit vielen pflanzlichen Anteilen.
ZUCHT lebend gebärend, sehr vermehrungsfreudig.

Guppy
Poecilia reticulata

GRÖSSE Weibchen bis 6 cm, Männchen bis etwa 3 cm.
BESCHREIBUNG Die größeren und plumperen Weibchen ockergrau, bei Zuchtformen manchmal mit farbigen Flossen oder dunklerem Schwanzstiel. Die Männchen sind an der zugespitzten Afterflosse, dem Gonopodium, zu erkennen. Sie sind auffallend bunt, oft in allen Regenbogenfarben schillernd. Zuchtformen in den Farben sehr variabel und oft mit stark verlängerten Rücken- und Schwanzflossen. Spezialisten unterscheiden die verschiedensten Schwanzflossenformen (z. B. Nadelschwanz, Leierschwanz, Triangel und Doppelschwert).
VORKOMMEN Ursprünglich aus Mittelamerika und Venezuela. In vielen Teilen der Welt als Moskitovertilger eingebürgert.
TEMPERATUR 20–26 °C
PFLEGE Völlig harmlose und anspruchslose, lebhafte Tiere, ideal zur Vergesellschaftung mit Fischen, die in der Größe passen. Leichte Wasserströmung ist vorteilhaft. Empfindlich gegen *Oodinium* und *Ichthyophtirius*.
ERNÄHRUNG Nimmt mit jeder Art von Futter vorlieb, gern kleine Mückenlarven.
ZUCHT sehr einfach, lebend gebärend. In pflanzenreichen Artbecken kommen die Kleinen ohne weitere Hilfe durch.

Segelkärpfling
Poecilia velifera

GRÖSSE Männchen 10 bis 13 cm, Weibchen bis 15 cm.
BESCHREIBUNG Körperseiten perlmuttartig schimmernd, mit undeutlichen Längsstreifen. Männchen mit Gonopodium und sehr großer, orangefarben gesäumter Rückenflosse (Name!), die mit sehr vielen mehr oder weniger regelmäßig angeordneten Tüpfeln versehen ist.
VORKOMMEN Aus den Lagunen und der brackigen Küstenzone von Yucatan (Mexiko) und dem Bereich der Flussmündungen.
TEMPERATUR 25–28 °C
PFLEGE Segelkärpflinge brauchen basisches und hartes Wasser von über 25 °dGH und große Aquarien. Zum Aufhärten des Wassers eignet sich Seesalz (30 g auf 10 l). Vorsicht bei der Wasseraufbereitung, da in dieser Hinsicht empfindlich. Die lebhaften Algenfresser brauchen viel freien Schwimmraum und ausreichend große, helle Aquarien. Zur Vergesellschaftung der friedlichen, aber lebhaften Fische eignen sich auf Grund der Wasseransprüche Argus und Schützenfische sowie Mollies.
ERNÄHRUNG Algen (!), Flockenfutter mit großem Pflanzenanteil, gebrühter Spinat und Salat, Lebendfutter.
ANMERKUNG Entsprechendes gilt für den sehr ähnlichen Breitflossenkärpfling (*Poecilia latipinna*). Oft sind Kreuzungen im Handel.

Schwertträger
Xiphophorus helleri

GRÖSSE Männchen ohne Schwert bis 8 cm, Weibchen bis 12 cm.
BESCHREIBUNG Grünlich gelb, zart genetzt, grün oder blau schillernd. Von der Schnauzenspitze bis zur Schwanzwurzel verläuft ein rötliches Zickzackband. Flossen teilweise mit feiner Strich- oder Fleckenzeichnung. Männchen mit Gonopodium und am unteren Teil der Schwanzflosse mit schwertartigem, dunkel eingefasstem Fortsatz.
VORKOMMEN Yukatan, Guatemala
TEMPERATUR 22–25 °C
PFLEGE Als friedlicher Fisch gut für das Gesellschaftsaquarium geeignet. Schwertträger bevorzugen mittlere bis größere Härtegrade und neutrale bis leicht basische Wasserwerte. Unkompliziert in der Haltung, jedoch gegen Ichthyophthirius empfindlich. Die Männchen schaffen untereinander eine Rangordnung, was in zu kleinen Aquarien problematisch werden kann. Dann besser nur ein Männchen und zwei Weibchen nehmen.
ERNÄHRUNG Flockenfutter, eventuell gelegentlich Frostfutter.
ZUCHT Einfach, lebend gebärend, kannibalisch!
BESONDERES Es gibt eine Unzahl von Zuchtrassen. Besonders beliebt sind die einfarbig blutroten Schwertträger und die Formen mit schwarzen oder verlängerten Flossen. Wildfänge anderer Schwertträgerarten sind meist wesentlich anspruchsvoller!

Platy, Spiegelkärpfling
Xiphophorus maculatus

GRÖSSE Männchen bis 4 cm, Weibchen bis 6 cm.
BESCHREIBUNG Gedrungener Zahnkarpfen, Stammform oberseits dunkel, an den Seiten blau schillernd. Auf der Schwanzflossenwurzel zwei runde schwarze Flecken. Die Männchen haben wie die Weibchen runde Schwanzflossen, sind aber leicht am Gonopodium zu erkennen.
VORKOMMEN Stammt ursprünglich aus ruhigen Gewässern im östlichen Mexiko und aus Guatemala.
TEMPERATUR 20–25 °C
PFLEGE Sehr genügsamer und ausdauernder Fisch, absolut friedlich auch gegenüber Artgenossen, daher ideal für gut bepflanzte Gesellschaftsaquarien mit nicht zu weichem Wasser. Neutrales oder leicht basisches und mittelhartes bis härteres Wasser wird vorgezogen.
ERNÄHRUNG Die Allesfresser nehmen gern Flockenfutter und weiden im Aquarium am Algenrasen.
ZUCHT Sehr einfach, lebend gebärend.
BESONDERES Eine sehr variable Art, schon als Wildform. Im Handel sind sehr viele attraktive Zuchtrassen: Rote Platies, Wagtail-Platies (rot mit schwarzen Flossen), Simpson-Platies, Mondplaties und viele andere.

Papageienplaty
Xiphophorus variatus

GRÖSSE Männchen 5,5 cm, Weibchen bis 7 cm.
BESCHREIBUNG Gedrungener Zahnkarpfen mit sehr unterschiedlicher Färbung. Die Weibchen sind olivbraun mit zwei rötlichen Zickzacklinien an den Körperseiten. Männchen mit Gonopodium, farbiger mit leuchtend roten oder gelben Schwanz- und Rückenflossen. In der vorderen Körperhälfte mit vielen schwarzen, unregelmäßig verteilten Flecken. Schwanzwurzel manchmal mit zwei tiefschwarzen Flecken.
VORKOMMEN Aus dem südlichen Mexiko, teilweise auch aus höheren, also relativ kühlen Regionen.
TEMPERATUR 16–25 °C
PFLEGE Eine muntere, friedliche Art, die sich gut für das Gesellschaftsaquarium eignet. Bevorzugt mittelhartes, neutrales oder leicht basisches Wasser.
ERNÄHRUNG Flockenfutter mit pflanzlichen Anteilen, Algen, Lebendfutter.
ZUCHT Einfach. Lebend gebärend. Der so genannte „Trächtigkeitsfleck", ein dunkler Fleck zwischen Bauch- und Afterflossen, der bei den lebend gebärenden Zahnkarpfen sonst typisch für die Weibchen ist, tritt hier auch bei den Männchen auf!
BESONDERES Wie der wissenschaftliche Name bereits sagt, eine sehr variable Art. Entsprechend gibt es zahlreiche Zuchtformen in vielen Farben und zum Teil mit segelartig ausgezogenen Flossen.

Hechtkärpfling
Belonesox belizianus

GRÖSSE Die Weibchen können bis zu 20 cm erreichen, die Männchen werden maximal 12 cm lang.
BESCHREIBUNG Fische mit hechtartigem Körperbau und auch entsprechender Lebensweise: nach hinten versetzte Rücken- und Afterflossen, großer Kopf, riesiges, tief gespaltenes Maul.
VORKOMMEN Lebt im östlichen Mittelamerika.
TEMPERATUR 20– 32 °C
PFLEGE Bevorzugt härteres Wasser, evtl. mit einem leichten Salzzusatz (1 Esslöffel auf 10 bis 15 l). Steht gern still in einem Pflanzenversteck und lauert hier auf Fische! Ein sehr interessanter Fisch für ein Artaquarium, wenn es ausreichend groß (ab 1 m Länge!) und gut bepflanzt ist und wenn man ausreichend Futterfische hat (Guppyzucht!). Man unterschätzt leicht das Fressbedürfnis dieser Fische – erwachsene Hechtkärpflinge nehmen meist nur lebende Futterfische an! In zu kleinen Becken werden selbst die kleineren Männchen Opfer der Weibchen!
BESONDERES Lebend gebärender Zahnkarpfen, die 2 bis 3 cm großen Jungfische müssen sofort vor den Nachstellungen der Mutter in Sicherheit gebracht werden!

Blaubarsch
Badis badis

GRÖSSE Bis 8 cm
BESCHREIBUNG Kleinköpfiger Fisch mit vergleichsweise kleinem Maul. Färbung ausgesprochen variabel. Oft mit 6 bis 10 dunklen Querbinden. Die größeren Männchen sind schlanker und in Laichstimmung dunkelblau.
VORKOMMEN Aus stehenden Gewässern im vorderindischen Bereich
TEMPERATUR 25–28 °C
PFLEGE gehört zu den so genannten Naderbarschen. Er ist scheu und sehr ruhig. Er liebt Verstecke; zum Wohlfühlen und Ablaichen braucht er Höhlen und dichte Bepflanzung. Gegenüber anderen Fischen und gegen seinesgleichen harmlos. An die Wasserbeschaffenheit stellen die Tiere keine besonderen Ansprüche. Als Raubfische sind Blaubarsche auf Lebendfutter angewiesen. Eingewöhnte Tiere nehmen aber auch Frostfutter. Die Futteransprüche empfehlen den Blaubarsch eher für das Artbecken. Das kann aber ruhig relativ klein sein (Beckenlänge ab 60 cm).
ZUCHT Am besten paarweiser Ansatz, liegende Blumentopfhöhle. Wasser weich, Tiere gut mit Lebendfutter anfüttern. Ablaichen in der Bruthöhle, wobei die Tiere sich ähnlich wie Labyrinthfische umschlingen. Vaterfamilie, Aufzucht der Jungen nicht schwer.

Frosch-Schlangenkopf
Channa gachua

GRÖSSE Bis etwa 24 cm.
BESCHREIBUNG Lang gestreckte Fische mit sehr lang ansetzender Rückenflosse. Kopf breit mit riesiger Maulspalte. Im Gegensatz zum ähnlich gefärbten *Channa orientalis* mit kleinen Bauchflossen. Labyrinthatmer, die gelegentlich zum Luftholen an die Wasseroberfläche schwimmen.
VORKOMMEN In ganz Süd- und Südost-Asien weitverbreitet, bevorzugt in fließenden Gewässern.
TEMPERATUR 20–27 °C
PFLEGE Ausgesprochen robuste Tiere, keine gehobenen Ansprüche an das Wasser. Sie lassen sich mit artfremden, ausreichend großen Mitfischen gemeinsam halten. Einzeln gehaltene Tiere werden handzahm und scheinen es sogar zu genießen, wenn man sie streichelt! Mit Artgenossen kann es jedoch ernste Probleme bei der Vergesellschaftung geben! Die Fische scheinen ständig hungrig zu sein und fressen neben Futtertabletten und kleinen Fleischstückchen gern auch Regenwürmer und Wasserschnecken.
ZUCHT Die Geschlechter sind vor allem am schlankeren Bau der Männchen zu erkennen. Die *gachua*-Väter sind Maulbrüter. Voraussetzung für eine erfolgreiche Zucht ist ein gut harmonisierendes Paar.

Schützenfisch
Toxotes chatareus

GRÖSSE Bis 27 cm, bleibt aber zumeist kleiner.
BESCHREIBUNG Großäugiger Fisch mit weitgespaltenem Maul. Silbrig mit drei Körperquerstreifen, zusätzlich Streifen auf dem Kiemendeckel und am Schwanzflossenansatz. Zwischen den Körperstreifen kleinere Flecken im Rückenbereich, die ihn vom etwas schlankeren T. jaculatrix unterscheiden.
VORKOMMEN Im Süß- und Brackwasser Südostasiens bis hin nach Australien
TEMPERATUR 24 bis 28 °C
PFLEGE Ein räuberischer Fisch, der sich gern im Oberflächenbereich aufhält. Ist in Aquarien ab 90 cm Länge gut in Gesellschaft gleich großer Fische zu halten. Auch wenn sie in ihrer Heimat oft truppweise vorkommen, eignen sie sich für Schwarmhaltung nur in sehr großen Becken. Lieber Einzelhaltung! Brauchen ausreichend freien Schwimmraum! Schützenfische werden von Flockenfutter nicht satt! Sie nehmen aber gern auch Regenwürmer, kleine Fleischstückchen und Futtertabletten. Die Ansprüche an die Wasserzusammensetzung sind sehr gering.
BESONDERES Können wie auch *T. jaculatrix* mit gezielten Wasserspritzern wie mit einer Wasserpistole Insekten und andere Beutetiere ins Wasser schwemmen. Das ist – speziell bei abgesenktem Wasserstand – auch im Heimaquarium gut zu beobachten.

Argusfisch
Scatophagus argus

GRÖSSE Bis 30 cm, bleibt im Aquarium aber wesentlich kleiner.
BESCHREIBUNG Plakativ gefärbter Fisch mit ovalem, seitlich stark abgeplattetem Körper. Körper und der Stachelstrahlenteil der Flossen kräftig gelb. Am ganzen Körper sind augengroße, tiefschwarze Flecken unregelmäßig verteilt.
VORKOMMEN Aus den Küstengewässern des indonesischen Raumes und der Philippinen.
TEMPERATUR 22–28 °C
PFLEGE Die wunderschönen Fische eignen sich nur für größere Spezialaquarien. Auf Dauer ist Salzzugabe nötig (etwa 3 Teelöffel auf 10 l Wasser), somit halten sich kaum Pflanzen. Zartere Pflanzen werden vom Argus ohnehin gefressen. Dekoration mit Wurzeln und Steinen! Filterung und regelmäßiger Wasserwechsel ist wichtig! Zur Vergesellschaftung eignen sich Schützenfische, aber auch Segelkärpflinge und eventuell Black Mollies, da sie vergleichbare Wasseransprüche haben – Wenn man noch für einen Landteil sorgen kann, sind auch Schlammspringer geeignete Mitbewohner dieses Spezialaquariums.
ERNÄHRUNG Die Tiere sind Allesfresser, die in ihrer Heimat als Abfallfresser bekannt sind („*Scatophagus*“ bedeutet Kotfresser). Sie nehmen Futterflocken, Frostfutter, Lebendfutter jeder Art, Haferflocken und gebrühten Salat.

Goldringelgrundel
Brachygobius xanthozona

GRÖSSE 4,5 cm
BESCHREIBUNG Klobig gebaute, aber sehr possierliche Bodenfische, die sich gern am Boden liegend auf ihre Bauchflossen stützen. Breiter Kopf mit großem Maul und großen Augen. Ansprechend schwarz-gelb quergestreift, daher auch der Name „Hummelfisch“.
VORKOMMEN In ganz Südostasien in Süß- und Brackwasser
TEMPERATUR 26–29 °C
PFLEGE Wegen der Futter- und der Wasseransprüche nicht als Dauergast im üblichen Gesellschaftsaquarium geeignet! In kleinen Spezialaquarien sind sie ausgesprochen attraktive, ruhige und friedliche Fische. Gern nehmen sie kleine Wohnungen in Form von leeren Gehäusen der Weinbergschnecke an. Das Wasser sollte hart (20–30 °dGH) und basisch sein. Es ist meist sinnvoll, einen geringen Seesalzzusatz (1 bis 2 Esslöffel auf 10 Liter Wasser) zuzugeben, da die Fische in reinem Süßwasser leicht kränkeln.
ERNÄHRUNG Die meisten Goldringelgrundeln nehmen ausschließlich Lebendfutter! Einige Tiere kann man auch ersatzweise auf Frostfutter umstellen.
ANMERKUNG Entsprechendes gilt für die sehr ähnlichen *B. aggregatus* und *B. nunus* – Es gibt einige weitere Grundelarten im Handel. Die meisten brauchen Lebendfutter. Wer ihnen das regelmäßig bieten kann, hat friedliche und sehr interessante Aquarienfische, die gern unter Steinen oder in Höhlen laichen. Brutpfleger, meist Vaterfamilie.

Tapirfisch, Elefanten-Rüsselfisch
Gnathonemus petersii

GRÖSSE erreichen bis zu 23 cm Gesamtlänge
BESCHREIBUNG Auffallend ist der rüsselartig verlängerte Unterkiefer und ein besonders dünner Schwanzstiel im Anschluss an die After- und Rückenflossen. Einfarbig dunkler Körper mit heller Rautenzeichnung im hinteren Körperdrittel.
VORKOMMEN Beheimatet in den Regenwaldflüssen West- und Zentralafrikas.
TEMPERATUR 22–28 °C
PFLEGE Die dämmerungs- und nachtaktiven Tiere benötigen Aquarien, die stellenweise dunkle Höhlenverstecke und Wurzelunterstände aufweisen. Friedliche Fische, die gern im Boden wühlend nach Fressbarem suchen. Daher brauchen sie als Bodengrund möglichst feinen Sand! Friedlich zu anderen Fischen, schwächere Artgenossen dagegen werden unterdrückt. Weiches Wasser und Wurmfutter (Tubifex) wird bevorzugt, doch wird auch Kunstfutter gefressen.
BESONDERES Tapirfische haben ein elektrisches Organ, mit dessen Hilfe sie ihre Reviere gegen Artgenossen abgrenzen.

Schmetterlingsfisch
Pantodon buchholzi

GRÖSSE Etwa bis 10 cm Gesamtlänge
BESCHREIBUNG Bizarr geformte Oberflächen-Fische mit riesigem, tiefgespaltetem Maul. Unpaare Flossen weit nach hinten versetzt, die Bauchflossen mit verlängerten Flossenfäden. Tragflügelartige, große Brustflossen. Braun gefärbt mit schwarzem Muster (Tarnfarbe)
VORKOMMEN In langsam fließenden Flusszonen in West- und Zentralafrika.
TEMPERATUR 23–30 °C
PFLEGE Bevorzugen weiches Wasser, sind in dieser Hinsicht aber nicht sonderlich anspruchsvoll. Stellen kleinen Fischen nach; mit etwa gleich großen Fischen absolut friedfertig. Artgenossen werden gejagt. Schmetterlingsfische sind ambitionierte Springer, daher das Becken gut abdecken! Nehmen grobes Flockenfutter, brauchen aber zwischendurch auch Lebendfutter; gern nehmen sie Mehlkäfer-Larven.
BESONDERES Die Männchen haben eine stark bogenförmig eingebuchtete Afterflosse, bei den Weibchen dagegen ist der Hinterrand der Afterflosse glatt. Bei paarweisem Ansatz im Zuchtbecken, weichem und leicht saurem Wasser und abwechslungsreichem Futter mit Insektenlarven ist die Zucht möglich. Die unter dem Wasserspiegel treibenden Eier müssen abgefischt und in ein spezielles Aufzuchtaquarium überführt werden.

Grüner Kugelfisch
Tetraodon fluviatilis

GRÖSSE Bis zu 17 cm
BESCHREIBUNG Rundliche Fische, goldgelb gefärbt mit zahlreichen, recht gleichmäßig verteilten schwarzbraunen Flecken, Unterseite weißlich. Ihre Kiefer bestehen aus schnabelartigen Leisten, so dass sie in der Lage sind, auch sehr hartschalige Tiere (Schnecken und Muscheln) zu knacken.
VORKOMMEN Aus Süß- und Brackwassergebieten Südostasiens.
TEMPERATUR 24–28 °C
PFLEGE Die lebhaften und attraktiven Fische finden schnell Käufer. Sie eignen sich aber nicht für die Dauerhaltung im Gesellschaftsaquarium, da sie meist unverträglich gegen Artgenossen und artfremde Fische sind, sich zudem oft auch an den Pflanzen vergreifen. Andererseits leisten die Kugelfische kurzzeitig gute Dienste als Schneckenvertilger. Am besten hält man Kugelfische im Artaquarium, dem man neben viel freiem Schwimmraum auch Verstecke für gejagte Artgenossen bieten muss. Ein Salzzusatz (1 Esslöffel auf 10 bis 15 l) ist vorteilhaft.
BESONDERES Grüne Kugelfische wurden schon mehrfach nachgezüchtet. Sie sind Substratlaicher, das Männchen betreibt Brutpflege.

THEMA

DIE WICHTIGSTEN WACHSTUMSFAKTOREN

Glitzernde Neon-Regenbogenfisch-Männchen leuchten durch die vom gegenüberliegenden Fenster einfallenden Lichtstrahlen herrlich blau im kristallklaren Wasser. Dazwischen wuselt, wie immer ziemlich aufgeregt, ein Schwarm von 50 putzmunteren Purpurkopfbarben. Auch einige Odessabarben sind darunter. Hin und wieder verschwinden sie im Pflanzendickicht, um an anderer Stelle wild kreiselnd wieder aufzutauchen. Zwischen den Pflanzengruppen gründelt eine Gruppe Panzerwelse im Bodengrund ... Der Anblick meines Aquariums lässt mich zurückdenken an die Anfänge meiner Begeisterung für die Aquaristik.

Pflanzenaquaristik – eine junge Disziplin

Als ich vor 35 Jahren anfing, mich mit der Aquarienkunde zu befassen, hatte ich kaum hilfreiche Unterstützung aus der damals greifbaren Literatur. Durchweg ähnlich schlechte Abbildungen und knappe, zumeist unzureichende Informationen über die auch noch bescheidene Anzahl von Aquarienpflanzen bestimmten die Veröffentlichungen. Erst nach und nach beschäftigten sich engagierte Aquarianer, aber auch Wissenschaftler mit der Themenpalette um die Pflege und Vermehrung von Aquarienpflanzen. Es wurde Mode, sich in den Heimatgebieten der Aquarienpflanzen umzusehen, und so kamen mit den Jahren eine Vielzahl von Arten nach Europa. Aber erst mit der Gründung von speziellen Vereinigungen von Freunden der Wasserpflanzenpflege wuchs mit dem Interesse auch das Wissen um die Anforderungen an moderne Pflanzenpflege.

ZIEL DES BUCHES Die Vermittlung meiner mittlerweile fünfunddreißigjährigen Erfahrung bei der Pflege und Vermehrung von Aquarienpflanzen soll dazu beitragen, gerade Einsteiger in die Aquarienpflanzenpflege zu ermutigen, sich dauerhaft mit diesen schönen Gewächsen zu befassen und anfängliche Misserfolge vermeiden zu helfen. Folgen Sie mir nun in die zauberhafte Welt der faszinierenden Unterwassergärten, die zu entdecken immer wieder neu Freude bereitet.

Gesunde Pflanzen im Aquarium – dieses Ziel ist gar nicht so schwer zu erreichen, wenn die Wachstumsfaktoren stimmen.

Erfolge beziehungsweise Misserfolge in der Pflanzenhaltung werden von verschiedenen Faktoren bedingt wie Qualität des Bodengrundes, Nährstoffversorgung, Wasserqualität u.a. Auf diese wichtigen Wachstumsfaktoren soll nun eingegangen werden.

Der Bodengrund

Ansprüche verschiedener Arten

NÄHRSTOFFAUFNAHME AUS DEM WASSER Nur wenige Aquarienpflanzen benötigen keinen Bodengrund, da sie als Schwimmpflanzen auf der Wasseroberfläche aufschwimmen oder kurz unter der Oberfläche fluten, ohne den Gewässergrund zu erreichen. Dazu zählen z.B. der Algenfarn *Azolla caroliniana*, die Muschelblume *Pistia stratiotes*, Büschelfarne der Gattung *Salvinia*, aber auch der Südamerikanische Froschbiss *Limnobium laevigatum*. Diese Pflanzen sind an eine schwimmende Lebensweise angepasst. Ebenso können im freien Wasser unter der Wasseroberfläche flutende Arten wie das Hornblatt *Ceratophyllum demersum*, aber auch die Wasserschlauch-Arten der Gattung *Utricularia* auf den Bodengrund verzichten. In beiden Fällen werden die Pflanzennährstoffe dem Wasser entzogen. Pflanzen, die zwar im Boden wurzeln, jedoch schwimmende Blätter haben, steht obendrein der Luftraum zur Versorgung mit Kohlendioxid als hauptsächlichem Pflanzennährstoff zur Verfügung. Flutende Arten nutzen die im Wasser gelösten Inhaltsstoffe einschließlich des Kohlendioxids. Sie absorbieren das Kohlendioxid aus dem Wasser über die gesamte Blattoberfläche.

BODENGRUND UND WASSER Manche Aquarienpflanzen, die meist fein zerschlitzte Blätter zur Oberflächenvergrößerung und damit zur Optimierung des Stoffaustausches besitzen, nehmen zwar ihre Nährstoffe teilweise auch durch die Blätter auf, besitzen jedoch gleichfalls voll funktionsfähige Wurzeln. *Limnophila*-Arten, aber auch *Myriophyllum*-, *Potamogeton*- und *Cabomba*-Arten und die Wasserprimel *Hottonia palustris* stehen beispielsweise stellvertretend für diese Gruppe. Es sind hauptsächlich im Wasser gelöste Substanzen, vorrangig Nitrat, Phosphat und Sulfat, aber auch essentielle Metallionen, insbesondere Kalium und Magnesium, die über die Blätter resorbiert werden. Nun ist im Allgemeinen an diesen Stoffen kein Mangel im Aquarium auszumachen.

INFO

Kohlenstoffdioxid-Aufnahme
Pflanzen mit typischen Unterwasserblättern nehmen das Kohlendioxid durch die Zellwände auf.
Arten mit Luftblättern besitzen Spaltöffnungen auf der Blattunterseite, durch die der Gasaustausch, d.h. auch die Aufnahme von CO_2, erfolgt.
Pflanzen mit flach auf dem Wasser schwimmenden Blättern wie z.B. Seerosen, besitzen diese Spaltöffnungen auf der Blattoberseite.

Gerade die Rhizom bildenden *Echinodorus* benötigen einen nährstoffreichen Bodengrund.

OHNE BODENGRUND KEIN LEBEN Eine große Zahl, sowohl endogen submerser Arten, teils mit Schwimmblättern wie die Seerosengewächse, *Barclaya*-, *Aponogeton*-, *Ottelia*-Arten, aber auch zeitweise überfluteter Sumpfpflanzen benötiget einen nahrhaften Bodengrund, um zu wachsen. So entnehmen *Cryptocorynen* und *Echinodorus* die Nährstoffe im Wesentlichen dem Bodengrund und benötigen dazu eine funktionsfähige Bewurzelung.

Aufgaben des Bodengrundes
Der Bodengrund hat die vielfältigsten Aufgaben. Er hat nicht zu unterschätzende optisch-ästhetische Funktionen, ist Besiedlungssubstrat für die Mikroflora des Aquariums, ökologischer Faktor für die tierischen Aquarienbewohner und Befestigungssubstrat ebenso wie Nährstoffdepot für die Pflanzen.

Höhe des Bodengrundes
Der Bodengrund in einem Aquarium mit seinem begrenzten Wasservolumen hat meist eine begrenzte Mächtigkeit. In der Regel werden 5 bis 10 Zentimeter nicht überschritten. Wird die Bodenschicht dicker gewählt, kann es Probleme mit der Durchflutung geben, was zu Sauerstoffmangel und ungewollter Fäulnis führen kann. Abhilfe schafft hier zwar die Bodenheizung, aber die kostet bekanntlich nicht gerade wenig.

Materialien für den Bodengrund
Nun gibt es unter den Pflanzenpflegern die unterschiedlichsten Auffassungen, welcher Bodengrund der beste für die Aquarienpflanzen sei. Es gibt Verfechter des reinen, gewaschenen Kieses auf der einen Seite. Auf der anderen Seite stehen Aquarianer, die glauben, was den Gartenpflanzen hilft, nütze

Je feiner die Pflanzenwurzeln sind, um so feinkörniger sollte der Bodengrund sein.

TIPP

Kalkgehalt von Kies ermitteln
Eine Überprüfung des Kalkgehaltes von Kies erfolgt mit verdünnter Salzsäure. Verdünnte Akkusäure (verdünnte Schwefelsäure) ist aber auch geeignet. Schäumt der Kies zu stark auf, enthält er zu viel Kalziumkarbonat und ist für die Pflanzenpflege weniger geeignet.

auch den Aquarienpflanzen und deshalb Versuche mit humusreicher Komposterde machen. Wo liegt also die Wahrheit? Das hängt von den Pflanzen ab. Schwimmpflanzen und wurzellos flutende Arten können durchaus in bodengrundlosen Aquarien gedeihen oder über gewaschenem Kies wachsen. Pflanzen mit ausgeprägtem Wurzelsystem entstammen in der Regel Habitaten mit nährstoffhaltigen, lehmigen oder tonigen Böden. Dies sollte bei der Einrichtung der Aquarien Beachtung finden. Wird reiner, gewaschener Kies als Substrat verwendet, findet im Verlaufe einiger Wochen durch Um- und Abbauprozesse von organischem Abfall im Bodengrund eine sukzessive Nährstoffanreicherung statt.

Körnigkeit des Bodengrundes

Obwohl in den natürlichen Habitaten der Untergrund sehr feinkörnig bis schlammig sein kann, sollten diese Verhältnisse nicht auf ein Aquarium übertragen werden. Selbst mit aufwändigen technischen Hilfsmitteln sind diese natürlichen Verhältnisse nicht zu kopieren. Die Körnigkeit des Kiesbodens im Aquarium kann zwischen 1 und 5 Millimetern liegen. Feinere Anteile, sofern sie nicht dominieren und das Porenvolumen zu stark verringern, schaden keinesfalls. Die in den Victoria-Häusern der Botanischen Gärten für *Victoria regia* verwendete Erdmischung hat im Aquarium nichts zu suchen. Gleichfalls ist es unsinnig, sich für viel Geld gewaschenen Kies oder „Aquarienerde" zu kaufen, wenn das nächste Kieswerk oder der Betonmischplatz für ein paar Cent einen Sack voll guten Aquarienkieses abgibt. Nur eben zu stark kalkhaltig sollte er nicht sein.

Nährstoffversorgung über den Boden

Lehm und Ton als Nährstofflieferant

Nicht nur in der Anfangsphase sind Nährstoffgaben über das Wasser oder direkt in den Bodengrund zur Wuchsunterstützung angebracht. In jedem Falle einfacher und auch naturgemäßer ist die Versorgung mit Nährstoffen über den Bodengrund. Hiermit sind nicht die im Fachhandel angepriesenen kurzzeitig wirkenden oder auch Langzeit-Depotnährstoff-Präparate gemeint, sondern der natürliche Nährstoffpool von Lehm und Ton. Tone und Lehme sind Verwitterungsendprodukte von Graniten, Gneisen und Glimmern, d.h. silikatischen Gesteinen. Je nach Ursprung und Ausgangsmaterial schwankt die Zusammensetzung beider sehr stark. Gleiches gilt für lehm- bzw. tonhaltigen Kies. Die Zusammensetzung ungewaschenen Kieses unterliegt je nach Herkunft starken Schwankungen. Man kann aber von 70 bis 80 % Siliziumdioxid, 10 bis 15 % Calzium und Magnesium (hauptsächlich als Silicat, Karbonat und Sulfat gebunden) und etwa 5 % Metalloxiden (Aluminium, Eisen, Mangan, Kalium) ausgehen.

BODENSCHICHT MIT LEHM Richtet man ein Aquarium ein, sollte die untere Bodenschicht kräftig mit Lehm durchmischt werden oder aus ungewaschenem, stark anlehmigen Mischkies bestehen. Eine Schichthöhe von 4 cm hat sich als gerade ausreichend erwiesen. Pflegt man stärker gründelnde Fische, können darüber noch etwa 3 bis 4 cm gewaschener Kies gefüllt werden. Bei Arten, die den Bodengrund nicht durchstöbern, reicht eine Abdeckung von wenigen Millimetern sauberen Kieses. Mit der Zeit bildet sich die für den Pflanzenwuchs geeignete Bodenflora, und durch die Wurzelausscheidungen stellt sich auch der für die meisten Pflanzen optimale pH-Wert von ca. 5,5 bis 6,5 ein.

LEHM NACHFÜLLEN Treten nach einer langen Phase guten Pflanzenwuchses Mangelerscheinungen ein, die sich durch Wuchsstagnation, löchrige Blätter mit mangelhaftem Blattgewebe zwischen den Adern, weißliche oder gelbliche Gipfelsprosse und Blätter, aber auch deformierte Sprosse bemerkbar machen, kann bedenkenlos um die Pflanzenwurzeln Lehm zugeführt werden. Man nimmt dazu eine Faust voll krümeligen Lehm und schiebt sie vorsichtig unter und zwischen die Pflanzenwurzeln. Das wirbelt zwar erst einmal mächtig Mulm und feinste Lehmteile auf, aber nach kurzer Zeit ist das Aquarium wieder glasklar. Zudem hat dieser vielleicht etwas martialische Eingriff den Vorteil der Bodenlockerung und des Frischwassereintrages in den Wurzelbereich. Man sollte ohnehin ab und zu den Boden mit einem Holzstab etwas auflockern, um sauerstoffreiches Wasser zur Belebung der Bodenflora unterzumischen, auch wenn das verschiedentlich als schädlich abgelehnt wird.

Wasserwechsel und Bodengrund

Becken mit starkem Fischbesatz enthalten viel organische Abfallstoffe, somit auch ihre mineralischen Oxidationsendprodukte Nitrat und Phosphat, sodass ihre Konzentration durch häufigen Wasserwechsel gesenkt werden muss. In Pflanzenaquarien fehlen sie eher, da diese Nährstoffe schnell von den Pflanzen verbraucht werden. Deshalb ist ein regelmäßiger Wasserwechsel auch hier nötig, allerdings um verbrauchte Metallionen wieder zu ergänzen. Nützlich scheint es, den sich bildenden Mulm zum großen Teil im Aquarium zu belassen, da bei dessen oxidativer Umsetzung zugleich Nährstoffe, wie beispielsweise das häufig unterschätzte Kalium freigesetzt und wieder in den Stoffkreislauf eingebracht werden.

Ursachen für Mängel erkennen

Von daher wäre es auch angezeigt, Mangel an Pflanzennährstoffen durch Düngung auszugleichen. Präventives Düngen bei ohnehin gutem Pflanzenwuchs ist jedoch genau so unsinnig wie der Versuch, schlechten Wuchs mit Düngung beheben zu wollen, ohne seine Ursache erkundet zu haben. Man erreicht meist das Gegenteil, nämlich immensen Algenwuchs und hat damit nur ein zusätzliches Problem. In jedem Fall sollte, bevor mit der Düngung begonnen wird, versucht werden herauszufinden, wo die Mangelerscheinungen ihre Ursachen haben könnten. Kommt man zu keinem eindeutigen Ergebnis und ist deshalb eine selektive Düngung nicht möglich, darf nur immer ein Faktor nachvollziehbar verändert werden. Nur so ist es mit Geduld und über längere Zeit wahrscheinlich, den Mangelerscheinungen auf den Grund zu kommen. Hinreichend genaue Tests für manche Wasserinhaltsstoffe können im Fachhandel erworben werden. Günstiger und verlässlicher ist es aber, sich auf professionelle Messergebnisse zu verlassen. Landwirtschaftliche Untersuchungsanstalten und ähnliche Labors bieten Untersuchungen an, die jedoch nicht immer preiswert sind.

***Hygrophila*-Arten sind Sumpfpflanzen mit einem ausgeprägtem Wurzelsystem.**

Die Kohlendioxid-Düngung

Aufnahme von CO_2

Verschiedene Nährstoffe wie beispielsweise Stickstoffverbindungen (Ammonium, Nitrate), aber auch Phosphorsalze werden sowohl über die Wurzeln, als auch über die Blätter resorbiert. Kohlendioxid wird nahezu ausschließlich über das Blattwerk aufgenommen. Landpflanzen haben für den Gasaustausch die Spaltöffnungen, Unterwasserpflanzen nutzen hierfür die gesamte grüne Pflanzenoberfläche. Hier diffundieren die im Wasser physikalisch gelösten Gase direkt durch die Epidermalzellen in das Pflanzeninnere.

Wann CO_2 zugeben?

Während für Landpflanzen immer ausreichend Kohlendioxid vorhanden ist, ist die Verfügbarkeit von CO_2 im Aquarienwasser von verschiedenen Prozessen und Wasserinhaltsstoffen, vorrangig dem Gleichgewicht zwischen $CaCO_3$ und $Ca(HCO_3)_2$ abhängig. Je härter ein Wasser ist, desto mehr Kohlendioxid benötigt man, um allen Kalk in Lösung zu halten. Reicht das CO_2 nicht mehr, fällt CaCO3 als kristalline Substanz aus. Nun wird es notwendig, Kohlendioxid zuzuführen, um die Ausfällung zu verhindern und bereits gefällten Kalk wieder zu lösen.
Aquarien, die permanent mit Kohlendioxid versorgt werden, zeigen seltener Ausfallerscheinungen. Eine Zudüngung käuflicher Aquarienpflanzendünger erübrigt sich erfahrungsgemäß meist, wenn die Versorgung mit ausreichend CO_2 gesichert ist. Stimmt dieser wesentliche ökologische Faktor nicht, kann die Zugabe von kurzfristig wirkenden Blattdüngern sogar das Gegenteil bewirken. Manche Fadenalgen wachsen im alkalischen pH-Bereich besonders gut und reagieren auf Düngergaben eher als die höheren Aquarienpflanzen.

Technik der CO_2-Zufuhr

CO2 kann man relativ leicht durch Vergärung von Zucker mit Hefe erzeugen. Ist allerdings ein größeres Aquarium zu versorgen, wird wohl fast jeder die Vorratsflasche mit flüssigem Kohlendioxid bevorzugen. Um einen guten Wirkungsgrad dieser Nährstoffzugabe zu erreichen, ist es notwendig, den Lösevorgang zu optimieren. Der Fachhandel bietet unzählige technische Lösungen an. Diffussionszerstäuber oder auch verschiedenste Reaktoren haben eigentlich nur die Aufgabe, möglichst effektiv Kohlendioxid in Lösung zu bringen. Gleichzeitig muss gewährleistet sein, dass sich das gelöste Gas möglichst gleichmäßig im Aquarium verteilt. Die günstigste Möglichkeit wäre, den Reaktor mittels einer Kreiselpumpe mit permanent frischem Wasser zu versorgen, um das mit Kohlendioxid angereicherte Wasser über ein perforiertes Rohr über die gesamte Länge des Aquariums zu verteilen. Diese Anordnung funktioniert bei mir bereits jahrelang bestens. Mittlerweile gibt es aber auch hervorragende CO_2- Flüssigdünger.

Kontrolle der CO_2-Werte

Da die Menge des zugesetzten CO_2 möglichst gleich bleibend sein sollte, ist eine per-

Diese Pflanzenkombination gedeiht auch ohne Kohlenstoffdioxid-Zusatz gut.

manente Kontrolle der Sättigung erforderlich. Dazu gibt es zwar einen im Aquarium anzubringenden chemischen Indikator, der aber recht träge reagiert und zudem nur Informationscharakter hat. Hier wird lediglich darüber informiert, ob genügend, zu wenig oder zu viel CO_2 zugesetzt wurde. Die technisch eleganteste Lösung ist ein einfacher Regelkreis mit Messkette (pH-Elektrode) als Fühler, Schaltstation mit Magnetventil und CO_2-Vorratsflasche. Die Messkette wird dabei regelmäßig in längeren Abständen kalibriert, um genaue Messergebnisse zu haben. Entsprechend der ermittelten Karbonathärte des Aquarienwassers wird nach der aus entsprechenden Sättigungsdiagrammen zu entnehmenden optimalen CO_2-Sättigung der einzustellende pH-Wert ermittelt. Bei Erreichen des unteren Grenz-pH-Wertes wird die Kohlendioxidzufuhr durch das Magnetventil unterbrochen, bei Überschreiten dieses Wertes wird das Ventil wieder geöffnet.

Ein einmal funktionierender Regelkreis läuft erfahrungsgemäß jahrelang. In zu ermittelnden Abständen sind natürlich die Messketten auszutauschen, da der wichtigste Teil, die Glasmembran, einer natürlichen Alterung unterliegt und nach etwa 2 Jahren beginnt, träge zu werden. Die optimale zuzuführenden Menge an Kohlendioxid steigt mit höherer Karbonathärte an. Diese Tatsache liegt an den chemischen Gleichgewichts-Reaktionen zwischen $CaCO_3$ und CO_2 (Info). Weiterführende Informationen zur Kohlendioxiddüngung sollten spezieller Literatur entnommen werden.

INFO

Gleichgewicht $CaCO_3$ und $Ca(HCO_3)_2$

Das im Wasser gelöste Kohlendioxid steht mit dem in Wasser schwer löslichen Kalziumkarbonat im Gleichgewicht:

$$CO_2 + H_2O + CaCO_3 \leftrightarrow Ca(HCO_3)_2$$

Das entstehende Kalziumhydrogenkarbonat ist im Wasser löslich. Diese chemische Gleichgewichtsreaktion ist abhängig von Druck und Temperatur.

INFO

Assimilation und Photosynthese

▶ **ASSIMILATION** Darunter versteht man die Bildung körpereigener Substanz aus anorganischen und organischen Stoffen.

▶ **PHOTOSYNTHESE** Am Tag erfolgt die Assimilation des Kohlendioxids durch Photosynthese. Dabei wird mit Hilfe der Lichtenergie Kohlendioxid an Wasser angelagert und so Traubenzucker gebildet. Dieser Vorgang verläuft in 2 Phasen: Bei der sog. Lichtreaktion wird Wasser mit Hilfe der Energie des Lichtes unter Mitwirkung des Chlorophylls gespalten. In der Dunkelreaktion (hier wird kein Licht benötigt) wird CO_2 angelagert. Bei diesen Prozessen wird als ein Reaktionsprodukt Sauerstoff freigesetzt.

Die meisten *Echinodorus*-Arten und -Sorten sind Starklichtpflanzen.

Lebenswichtiges Licht

Nicht alle Pflanzen benötigen für ihren Stoffwechsel Licht als Energiespender. Aber die grünen, Chlorophyll bildenden Arten, und das sind die weitaus meisten Pflanzen, können ohne Licht nicht leben, da ohne Licht keine Photosynthese erfolgen kann. Unter den Aquarienpflanzen gibt es Arten, die mit geringerer Beleuchtung zurecht kommen. Dazu zählen einige *Cryptocorynen,* aber auch der Flussfarn *Bolbitis heudelottii* und verschiedene *Crinum*- und *Anubias*-Arten. Hier kann man von Schattenpflanzen sprechen. Die weitaus meisten Aquarienpflanzen benötigen allerdings helle bis hellste Beleuchtung, um ihre optimale Wuchsleistung zu erzielen. Man spricht hier von Sonnenpflanzen. Die an natürlichen Fundorten erreichten Belichtungsdaten von 120.000 Lux werden unter vivaristischen Kulturmethoden so gut wie nie gemessen. Dass Pflanzen mit wesentlich weniger Licht jedoch auch noch zufriedenstellend wachsen, ist ihrer ökologischen Valenz zu verdanken. Welch ein Glück für Aquarianer! Wenn zu Zeiten des Assimilationsmaximums Sauerstoffbläschen an den Rändern filigraner Blätter entstehen, zeigt uns die Pflanze, dass sie „funktioniert", denn nur bei ausreichender Assimilation entsteht Zuwachs. Trotz einer gewissen Toleranz von Pflanzen gegen Lichtmangel muss versucht werden, den Pflanzen in künstlichen Lebensräumen ohne Sonnenlicht eine optimale Energiequelle anzubieten. Wird zu wenig beleuchtet, versuchen beispielsweise Stängel-

Intensive Assimilation lässt an den Sprossen von *Riccia fluitans* Sauerstoffbläschen entstehen.

INFO

Chromatische Adaption
Dieser Begriff beschreibt die Fähigkeit der Pflanzen, sich an unterschiedliche spektrale Bereiche (Farben) des Lichtes anzupassen. Sie sind also in der Lage, die sich über den Tag kontinuierlich verändernden Farben des Sonnenspektrums zu nutzen. Während die Umstellung auf die Farben des Sonnenlichtes verzögerungsfrei erfolgt, benötigt die Pflanze bei der Umstellung ihrer Pigmentsysteme auf die unterschiedlichen Spektren von einer Beleuchtungsart auf eine spektral völlig andere eine gewisse Zeitspanne.

pflanzen mittels verlängerter Internodien, die besser beleuchteten Bereiche der Aquarien zu erreichen. Andere werden spillerig und gehen ein!

Geeignete Lichtquellen

In den Anfängen der aquaristischen Pflanzenhaltung war es noch das Sonnenlicht, das, durch Glasfenster gefiltert, die Pflanzen mehr schlecht als recht und dann auch nur den Sommer über wachsen ließ. Inzwischen wurden unterschiedlichste Lichtquellen für vivaristische Belange entwickelt. In jahrelangen Versuchen hat sich gezeigt, dass das Licht von Leuchtstofflampen für Aquarienpflanzen – trotz deren individuellen Ansprüchen – am geeignetsten ist. Bei Aquarienhöhen bis 60 cm und Wasserständen bis 50 cm sollte auf 10 cm Aquarientiefe eine Röhre montiert werden.

LICHTSPEKTRUM Es ist hinlänglich bekannt, dass das für die Photosynthese günstigste Licht ein anderes Spektrum aufweist als das des sichtbaren Lichtes. Photosynthetische Absorptionsmaxima liegen bei etwa 450 µm (blau) und noch einmal bei 650 µm (gelborange). Hat man also die Auswahl, sollten Lampen verwendet werden, die diese Spektralbereiche abdecken. Da aber die spektrale Verteilung der Lichtemission der verschiedenen Lampentypen wie Tageslichtlampen (hoher Blauanteil), Neutralweiß-Lampen (ausgeglichen über den gesamten Bereich) und Warmton-Lampen (höherer Rotanteil) auseinander geht, sollte man als Aquarienbeleuchtung günstigerweise eine Kombination aus allen wählen. Somit kann das für die Pflanze nutzbare Spektrum abgedeckt werden. Die Schaltsequenz der Lampen muss empirisch ermittelt werden. Jedoch kann man hier auch auf die ökologische Valenz der Aquarienpflanzen (Chromatische Adaptationsfähigkeit) vertrauen.

Gleichmäßige Ausleuchtung

Der Handel bietet eine kaum überschaubare Fülle an Beleuchtungsfabrikaten an. Hinzu kommen noch Spezialleuchten mit Spezialreflektoren, in denen Leuchtstofflampen mit HQI-Strahlern kombiniert sind. Unbestritten lassen sich mit diesen Leuchten sehr gut offene Aquarien und auch hohe Becken mit Wasserständen über 60 cm hinreichend ausleuchten. Die Preise für derartige Speziallampen sind allerdings ernüchternd. In der Regel liegt die Höhe eines normalen Heimaquariums aber nicht über 60 cm. Dies bedeutet, dass der Wasserstand über dem Bodengrund höchstens 55 Zentimeter beträgt. Diese Aquarienhöhe wird problemlos mit Leuchtstofflampen ausgeleuchtet. Richtet man sich ein Aquarium ein, ist es wichtig, dass sich die Länge des Beckens an der Länge der verfügbaren Leuchten orientiert. Die Abmessungen sollten so gewählt werden, dass die gesamte Aquarienlänge ausgeleuchtet ist. Die längsten konfektionellen Leuchten sind 150 cm lang und haben eine Leistung von 80 W (T5-Technologie). Von der Länge der Leuchtstäbe rechnet man noch die Metallfassungen ab, sodass etwa 145 cm optimale Aquarienlänge übrig bleiben.

Beleuchtungsstärke

Ein etwas provozierender Satz: Zuviel Licht über dem Aquarium hat (den meisten) Aquarienpflanzen noch nicht geschadet, zu wenig Licht dagegen schon! Erfahrungsgemäß rechne ich auf 10 cm Aquarientiefe einen Leuchtstab. Das ergibt bei der üblichen Aquarientiefe von 50 cm fünf Leuchtstoffröhren. Ist nun die optimale Aquariengröße 145 cm x 50 cm

Dieses sog. Holländische Pflanzenaquarium ist ein Beispiel für die Faszination von Unterwassergärten.

x 50 cm (jeweils Innenmaß), so erhalte ich ein Volumen von ca. 360 l Wasser. Hierauf kommen 290 W Stromleistung. Dies ergibt folglich einen Beleuchtungsfaktor von 0,8 W/l Wasser. Dieser Beleuchtungsfaktor gilt so nur für Leuchtstofflampen und ist nach einschlägigen Erfahrungen ausreichend für nahezu alle Aquarienpflanzen.Bei Verwendung von T5-Lampen können bis 400 W, d.h ein Beleuchtungsfaktor von 1,1 erreicht werden. Ich verwende zur Zeit auf 70 cm Aquarientiefe 4 Stück 80 W T5-Lampen. Diese Beleuchtungsstärke hat sich als ausreichend auch für extrem lichthungrige Pflanzen erwiesen.

Beleuchtungsdauer

Aber nicht nur die Stärke der Beleuchtung ist ausschlaggebend für optimalen Pflanzenwuchs, sondern auch die Dauer der Beleuchtung. Unsere Aquarienpflanzen kommen ursprünglich aus unterschiedlichen Regionen der Erde. *Cryptocoryne* und *Anubias* sind Gattungen aus den Tropen, Arten der Gattung *Echinodorus* kommen zudem auch in subtropischen Bereichen Amerikas vor, und *Isoetes, Eleocharis, Hemianthus* und *Hottonia* sind Pflanzen der gemäßigten Breiten. Die Dauer des Tages in den Tropen beträgt fast genau 12 Stunden, einschließlich der sehr kurzen Dämmerungsphasen. Von den subtropischen zu den gemäßigten Zonen hin verschiebt sich je nach Äquatornähe und Jahreszeit die Taglänge. Im Langtag werden dann meist (mit Ausnahmen) Blüten gebildet, im Kurztag befinden sich die Pflanzen in der vegetativen Phase. Manche annuelle Arten sterben nach dem Blühen ab. In unseren Breiten überdauern nur wenige Pflanzen, wie einzelne *Callitriche* (Wasserstern)-Arten, aber auch die Berle *Berula erecta* oder die Bachbunge *Veronica beccabunga* in der vegetativen Phase die lichtarme Jahreszeit. Es ist daher nicht falsch zu sagen, dass deshalb die Beleuchtungszeit im Aquarium 12 Stunden nicht unterschreiten sollte. Nur wenige Arten vertragen den Kurztag, die meisten kümmern oder sterben ab. Sollen Arten aus allen Breiten gemeinsam in einem dekorativen Pflanzenbecken gepflegt werden, sind 14 Stunden Beleuchtungsdauer empfehlenswert. Dabei kann durchaus die Dämmerung simuliert werden. Für mehrere Stunden eine Beleuchtungspause einzulegen, weil niemand zu Hause ist, ist nicht nur biologischer Unfug, sondern ist auch dem Pflanzenwuchs abträglich, selbst wenn die Summe der Gesamtbeleuchtungszeit über 12 Stunden liegt.
Die technischen Raffinessen sind allein bei der ausschließlichen Verwendung von Leuchtstofflampen vielfältig. Mittels zeitlicher Steuerung und der Verwendung von Röhren unterschiedlicher spektraler Emission können Sonnenauf- und Sonnenuntergänge sehr gut nachgeahmt werden. Dies alles hat aber nur Sinn, wenn das Aquarium keinerlei Tageslicht bekommt.

Lebensraum Wasser

Die Wassertemperatur

Viele der im Aquarium ablaufenden Reaktionen sind in ihrer Geschwindigkeit sowie Umsetzungsqualität und -quantität von der Temperatur abhängig. Dies gilt in gleicher Weise für die wesentlich komplexeren biochemischen Abläufe.

HÖHERE TEMPERATUREN Höhere Temperaturen beschleunigen die stoffliche Umsetzung. Ein relativ einfaches Beispiel ist die Persistenz von Mulmablagerungen in Kaltwasseraquarien. Während sich im tropischen Süßwasserbecken bei normalen Futtergaben eine nur minimale Mulmdecke bildet, die durch Filterung und Wasserwechsel beherrschbar bleibt, hat man im Kaltwasseraquarium Mühe, das Wasser klar zu halten, da der Mulm ewig liegen bleibt. Das bedeutet nichts anderes, als dass die stofflichen Umsetzungen bei niedrigeren Temperaturen bedeutend langsamer ablaufen. Im Sommer, wenn die Temperaturen ansteigen, setzt sich diese Mulmschicht schneller um.

Probleme bei zu hohen Temperaturen

Obwohl viele Aquarienpflanzen aus tropischen oder subtropischen Ländern stammen, wachsen sie bei etwas kühleren Temperaturen um 24 °C besser. Dies ist ebenfalls mit der Abhängigkeit der Nährstoffversorgung der Aquarienpflanzen von der Temperatur zu erklären. Die Temperaturabhängigkeit macht sich besonders bemerkbar, wenn die Quecksilbersäule im Sommer auf 30 °C steigt. Aquarien mit ausgeglichenem Pflanzenwuchs, aber ohne CO_2-Zufuhr, bekommen nun Probleme. In härterem Wasser treten durch flagranten Kohlendioxidmangel verstärkt Kalkausfällungen auf, und der beschleunigte Stoffwechsel der Pflanzen lässt auch weitere Mangelerscheinungen auftreten. Häufig werden Blätter löchrig oder zeigen deutliche Nährstoffmangel-Chlorosen. Durch pH-Wert- Verschiebungen in den alkalischen Bereich werden zudem Nährstoffe, vor allem Metallionen, durch Ausfällung blockiert.

ABHILFE Diese Erscheinungen kann man unterschiedlich zu kompensieren versuchen. Einerseits wäre eine Temperaturabsenkung möglich. Das ist technisch möglich, jedoch äußerst kostenintensiv. Eine Verringerung der Assimilationsleistung durch Verringerung der Beleuchtung kann kurzzeitig Abhilfe schaffen. Günstigste Lösung ist die Zuführung von Kohlendioxid. So wird der Mangel an diesem Pflanzennährstoff kurzfristig behoben, die „biogene Entkalkung" wird dadurch unterbunden und der pH-Wert sinkt automatisch in pflanzenfreundliche Bereiche unter 7,0.

Bei Temperaturen um 24 °C gedeihen die meisten Aquarienpflanzen sehr gut.

Wasser ist nicht gleich Wasser

Der Erfolg bei der Pflege von Aquarienpflanzen hängt wesentlich von der Qualität des Aquarienwassers ab. Wasser, wie es der Hauswasserleitung entnommen wird, hat je nach Ursprung unterschiedliche Zusammensetzung. Zwischen den beiden Extremen hartes und weiches Wasser liegen Wasser mit den Eigenschaften, die wir für die Pflege von Pflanzen nutzen können.

Leitungswasser

Grundsätzlich ist davon auszugehen, dass die öffentliche Trinkwasserversorgung ein Wasser zur Verfügung stellt, das den Anforderungen des Gesetzgebers (IfSG, TrinkWVO) genügt. Um diese Qualität dauerhaft zu gewährleisten, werden von Wasserversorgungsunternehmen und beauftragten Untersuchungsstellen in regelmäßigen Abständen umfangreiche Untersuchungen durchgeführt und die mikrobiologische und chemische Wasserbeschaffenheit geprüft. Bei der heutigen Technologie ist es nur in Ausnahmefällen erforderlich, laufende Trinkwasserdesinfektionen mit chlorhaltigen Mitteln zu beauflagen. Somit kann das der Hauswasserversorgung zugeführte Wasser bedenkenlos zur Haltung von Aquarientieren und Aquarienpflanzen verwendet werden. Auch eine Belastung mit so genannten Pestiziden und Schwermetall-Ionen ist weitgehend ausgeschlossen. Gegenteilige Behauptungen entbehren meist jeglicher Grundlage.

Weiches Wasser

Entstammt das Wasser Urgesteinsformationen, so kann erwartet werden, dass es sehr wenig gelöste mineralische Bestandteile enthält, man sagt auch, dass es weich ist. Dies kann man mit einem Messgerät für die elektrische Leitfähigkeit ermitteln. Da die im Wasser gelösten ionischen Bestandteile für die elektrische Leitfähigkeit verantwortlich sind, haben diese „weichen“ Wässer eine Leitfähigkeit etwa zwischen 5 und 50 µS/cm. Sie sind oft relativ sauer, da sie kaum Hydrogenkarbonate zur Pufferung des gelösten Kohlendioxids im Wasser enthalten. Dies führt dazu, dass solches Wasser korrodiv auf die Wasserleitungen wirkt. Modernere Wasserversorgungsanlagen härten solche Wässer durch Filterung über Kalziumkarbonat auf. Weiches Wasser ist für die Kultur der meisten Aquarienpflanzen nicht gut geeignet, da wesentliche Wasserinhaltsstoffe wie Magnesium und Calzium fehlen. Pflanzenarten aus Weichwassergebieten, wie bestimmte Cryptocorynen, aber auch *Rotala wallichii*, wachsen in solchem Wasser allerdings zufriedenstellend. Zur Herstellung der Aquarientauglichkeit des Wassers reicht es, in die Aquarien Kalksteinbrocken zum Aufhärten zu geben. Eleganter ist der Einsatz eines Kalkreaktors, wie er in der Meerwasseraquaristik genutzt wird. Durch dosierten Einsatz von CO_2 wird hierbei Calziumkarbonat in Calziumhydrogenkarbonat umgewandelt. Eine Kontrolle erfolgt über eine pH-Messkette und einen Leitfähigkeitsmesser (◉ S. 126, Kohlenstoffdioxid-Düngung).

Eine kontinuierliche Wasserpflege fördert einen gesunden Pflanzenwuchs.

Hartes Wasser

Entstammt das Leitungswasser Kalkformationen wie Karstgebieten oder auch den mächtigen Kiesablagerungen der Grund- und Endmoränenlandschaft Norddeutschlands, so hat es bei seinem Weg durch den Boden sehr viele Mineralien, vor allem Karbonate gelöst, die als Hydrogenkarbonat dem Wasser seine Härte verleihen. Die elektrische Leitfähigkeit liegt hier über 300 µS/cm und steigt teilweise auf 1500 µS/cm. Derartige Wässer, vor allem solche des höheren Härtebereiches, sind gleichermaßen problematisch für die Wasserversorgung, da die Leitungen sich häufig mit Kalkkrusten zusetzen. Auch hier können technische Möglichkeiten der Wasseraufbereitung genutzt werden. Wie bekannt, ist das

INFO

pH-Wert

▶ **MASSZAHL** für die Wasserstoffionen-Konzentration und damit für die Acidität oder Alkalität (Stärke der sauren oder basischen Reaktion) einer Lösung:

pH < 7 sauer
pH = 7 neutral
pH > 7 basisch

▶ **MESSUNG** des pH-Wertes

★ Durch Vergleich mit standardisierten pH-Lösungen mittels Messketten (pH-Elektroden).

★ Kolorimetrisch unter Verwendung von Indikatoren, die bei bestimmten pH-Werten Farbumschläge zeigen.

Gleichgewicht zwischen gefälltem $CaCO_3$ und gelöstem $Ca(HCO_3)_2$ auch druckabhängig. Durch Druckerhöhung in großen Reaktoren und darauf folgender Expansion, also einer plötzlichen Druckminderung, wird Calziumkarbonat ausgefällt und damit dem Wasser entzogen. Ähnliche Erscheinungen bemerkt man beim Erstbefüllen von Aquarien in Gegenden mit härterem Wasser; vorrangig höherer Karbonathärte: Auf den Scheiben und Pflanzen setzen sich Kalkablagerungen ab. Diese Ausfällungen gehen auf Druckverlust beim Befüllen zurück.

Kupferhaltiges Wasser durch Leitungen

Nun werden die Hausinstallationen in der heutigen Zeit sehr häufig in Kupfer ausgeführt. Obwohl durch die damit verbundene, möglicherweise veränderte Zusammensetzung des Wassers für den erwachsenen Menschen kaum gesundheitsrelevante Folgen eintreten, ist die Situation in einem Aquarium anders zu bewerten. Bereits eine Konzentration von 0,08–0,8mg/l Cu^{++}-Ionen wirkt auf Fische, aber schon 0,02mg/l auf einige Pflanzen toxisch. Die Toxizität von Kupferionen kann man z.B. daran erkennen, dass Lösungen von Kupfersulfat zur Algenbekämpfung in Pools eingesetzt werden.

ABHILFE Ich habe das Problem für mich so gelöst, dass ich das Wasser für die Wasserdurchlaufanlage des Aquariums kurz hinter dem Wasserzähler durch DVGW-geprüftes Plastrohr ableite. In Mietshäusern gibt es mit dieser Lösung aber möglicherweise Probleme. Sind in Gegenden mit Wasser höherer Karbonathärte (SBV) die Innenwände der Kupferleitungen mit einem Kalziumkarbonatmantel überzogen, gehen kaum noch Kupferionen in Lösung, womit wieder aquarientaugliches Wasser aus der Leitung kommt. In Gegenden mit sehr weichem, leicht saurem Wasser erfolgt auch aus Gründen des Korrosionsschutzes oft eine Aufhärtung. Nützt dies alles nichts, bleibt nur noch der Einsatz einer Umkehrosmoseanlage mit anschließender Aufhärtung.

Durch regelmäßige Wasserwechsel lassen sich Belastungsmaxima vermeiden.

Aquarientaugliches Wasser

Man sollte sich im Klaren darüber sein, dass alle chemischen und biologischen Vorgänge im Aquarium temperaturabhängig sind. Zwar gibt es noch weitere reaktionskinetische Abhängigkeiten, doch die Temperatur ist die im Aquarium am einfachsten zu beeinflussende Größe. Gehen wir nun der Einfachheit halber fortan von einem mittelharten Wasser mit einer Karbonathärte von 10° KH aus. Dies entspricht etwa einem Säurebindungsvermögen von 3,57 mmol/l. Ein solches Wasser ist ohne weitere Aufbereitung für die meisten Aquarienpflanzen in einem durchschnittlich zwölf bis vierzehn Stunden täglich und nicht zu hell beleuchteten Aquarium mit eher knappem Fischbesatz geeignet.

Der pH-Wert unterliegt täglichen Schwankungen und gleicht etwa einer Sinuskurve. Morgens liegt der pH-Wert meist um 7,0. Am frühen Nachmittag könnte der Wert durch das Assimilationsmaximum auf etwa pH 8 ansteigen, um dann über Nacht langsam den Morgenwert zu erreichen. Etwa adäquat ist die Sauerstoffsättigung zu beurteilen, die gleichfalls morgens ihr Minimum erreicht, um zum Assimilationsmaximum hin anzusteigen und später wieder den Morgenwert zu erreichen. Diese Erscheinungen verstärken sich bei dichtem Pflanzenwuchs und starker Beleuchtung. Da kann es schon mal vorkommen, dass bei unzureichender Kohlendioxidkonzentration der pH-Wert stark in den alkalischen Bereich über 9 ansteigt. Feldmessungen an heimischen Gewässern ergaben Extremwerte, die nahe bei pH 10 lagen. Dies ist weder für Fische noch für die Pflanzen zuträglich. Steigt, wie in Aquarien oft üblich, zudem die Temperatur im Laufe des Tages über 28 °C an, hat bald niemand mehr Freude am Pflanzenaquarium. Außerdem sind die auf den Blättern durch die Ablagerung von Kalziumcarbonat entstehenden Krusten sind nicht nur optisch unschön, sondern sie wirken sich außerdem negativ auf die Assimilationsleistung aus.

Die Wasserpflege

Der normale Betrieb eines mit Pflanzen und Fischen besetzten Aquariums ist von immerwährenden biologischen und chemischen Umsetzungsprozessen begleitet. Futtergaben, absterbende Pflanzenteile und Ausscheidungen der Aquarientiere, aber auch Düngung der Pflanzen bestimmen im Wesentlichen den Input in das offene System Aquarium. Über verschiedene Zwischenstufen wird abgestorbene organische Substanz durch Mikroorganismen wie Bakterien und Pilze zum weiteren Energiegewinn letztlich in energiearme anorganische Stoffe umgewandelt. Günstigerweise gehen diese Substanzen dann wieder in den Stoffkreislauf ein, um alle Stufen des Auf-, Um- und Abbaus erneut zu durchlaufen. Diese Prozesse werden jedoch durch permanente Eingriffe von außen immer wieder manipuliert. Erfahrungsgemäß häufen sich infolgedessen Endprodukte wie Phosphate, Nitrate und auch schwer zersetzliche Kohlenstoffverbindungen. Es werden dabei auch schwer lösliche Verbindungen wie bestimmte Phosphate und Sulfate gebildet, die verschiedene essentielle Spurenelemente wie beispielsweise Eisen, Mangan, Zink und Kupfer blockieren und damit dem Stoffkreislauf entziehen können.

Regelmäßiger Wasserwechsel

Um diese Erscheinungen zu kompensieren und für Fische und Pflanzen optimale Lebensbedingungen zu bieten, hat sich ein regelmäßiger Wasserwechsel eingebürgert. Hierbei werden Endstufen der Stoffumsetzungen, aber auch teils toxische Zwschenstufen des Umbaus dem Aquarienwasser entzogen. Gleichzeitig werden durch die Zugabe von Frischwasser verbrauchte Inhaltsstoffe, vorrangig Härtebildner, wieder zugeführt.

Kontinuierlicher Wasserdurchlauf

Für Fische und Pflanzen hat sich ein kontinuierlicher Wasserdurchlauf durch das Aquarium als optimal herausgestellt. Durch den permanenten Zustrom von wenig Frischwasser pro Zeiteinheit (wenige Tropfen pro Sekunde) wird eine stetige Verdünnung der Abbauprodukte erreicht. Überschüssiges Wasser wird über einen Sicherheitsablauf in die Abwasseranlage eingeleitet. Dieser permanente Wasseraustausch bewirkt eine Glättung der Wasserbelastung und den Wegfall der beim periodischen Wasserwechsel rhythmisch auftretenden Belastungswechsel. Die Durchlaufrate müssen Sie nach von Ihnen empirisch ermittelten Werten einstellen.

PROBLEM	URSACHE	LÖSUNG
Dunkelbraunes Wasser mit torfigem Geruch.	Schwarztorfhaltiger Bodengrund. Zu wenig gewässerte Moorkienwurzeln eingebracht. Dekoration aus ungewässerter Korkrinde.	Moorkienholz und/oder Dekorationsmaterial vor dem Einbringen in das Aquarium langzeitig unter häufigem Wasserwechsel wässern. Torf aus dem Bodengrund entfernen. Häufiger Teilwasserwechsel in Tagesabständen, Wasserdurchlauf.
Harte grauweiße Beläge auf den Deckscheiben, an den Aquarienscheiben, auf der Einrichtung.	Ablagerungen von Mineralien aus dem Wasser, vorrangig Kalk.	Deckscheiben mit Essigwasser waschen. Kalkbeläge vorsichtig mit einem Hartschwamm oder Scheibenreiniger aus Edelstahlwolle entfernen. Überprüfen des Kalkgehaltes von Dekoration und Bodengrund. Zufuhr von Kohlendioxid zum Aquarienwasser
Schwarzer, faulig riechender Bodengrund.	Der Bodengrund enthält zu viele organische, zersetzbare Substanzen, die unter Luftabschluss mikrobiell zersetzt werden.	Austausch des gesamten Bodengrundes gegen kiesiges, gut durchflutbares Substrat. Ggf. Einsatz einer Bodenheizung. Regelmäßiges manuelles Auflockern des Aquarienbodens.
Allgemein schlechter Pflanzenwuchs (Chlorosen), wiederkehrendes Fischsterben.	Kupferhaltiges Wasser verursacht durch Hausleitungen.	Sehr schwer zu behebendes Problem. Ist das Wasser gut gepuffert (hoher Anteil an Hydrogenkarbonaten), löst sich das Problem durch die an den Innenwänden der Rohre entstehende Kalkkruste von selbst. Inbetriebnahme einer Umkehrosmoseanlage. Einsatz von Ionentauscherharzen.

PROBLEM	URSACHE	LÖSUNG
Der pH-Wert ist unter 6, d.h. das Wasser ist zu sauer.	Wasser ist zu mineralarm, enthält zu wenig Härtebildner. Zu starke Fütterung bei unzureichendem Wasserwechsel. Fehlerhaftes Ansäuern mit Mineralsäuren.	Aufhärten des Wassers im Kalkreaktor. Zugabe von Muschelkalkbruch in das Wasser (schlechte Regulierungsmöglichkeiten). Wasserwechsel unter gleichzeitiger Zugabe von Kalziumhydrogenkarbonat-Lösung. Filterung über Kalksteinbruch bei permanenter pH-Kontrolle.
Der pH- Wert liegt über 8,5, d.h. das Wasser ist zu basisch.	Das Wasser enthält zu viel Hydrogenkarbonate. Der Bodengrund ist kalkhaltig. Das Dekorgestein besteht aus Kalk. Es herrscht CO_2- Mangel.	Prüfung des Bodengrundes und des Dekorationsgesteins auf Kalk mit verdünnter Salzsäure, ggf. Austausch gegen Ergussgestein oder Quarz. Kontrollierte Zugabe von CO_2. Wasserwechsel mit Umkehrosmosewasser oder Regenwasser. Permanente pH-Kontrolle .
Zu mineralarmes Wasser.	Falsche Einstellung der Umkehrosmose. Verwendung von entionisiertem Wasser aus Hauswasserversorgung. Verwendung von Grundwasser aus Urgestein.	Aufhärten des Wassers durch Filterung über Kalksteingrus oder Marmorsplitt. Umkehrosmosewasser mit mehr Originalwasser verschneiden. In beiden Fällen permanente Kontrolle der elektrischen Leitfähigkeit.
Zu mineralreiches Wasser.	Ausgangswasser enthält zu viele Härtebildner. Falsche Wasseraufbereitung. Bodengrund und/oder Dekorationsmaterial geben Kalk an das Wasser ab.	Prüfung des Bodengrundes und des Dekorationsgesteins auf Kalk mit verdünnter Salzsäure, ggf. Austausch gegen Ergussgestein oder Quarz. Wasserwechsel mit Umkehrosmosewasser oder Regenwasser.

Auch in scheinbar algenfreien Aquarien sind stets Algen vorhanden. Bei guter Wasserpflege werden sie nicht zur Plage.

Algen im Aquarium

Aus langjähriger Erfahrung weiß ich, dass es ein algenfreies Aquarium nicht gibt. Dies würde zumindest jede mikroskopische Untersuchung des Aquarienwassers ergeben. Auch der Aufwuchs auf Pflanzen, Dekorationen und den Scheiben besteht im Wesentlichen aus Algen. Algen kommen fast überall vor. Weltweit gesehen sind Algen neben den Urwäldern die hauptsächlichen Sauerstofflieferanten und damit Kohlendioxidzehrer.

Algen – Indikatoren der Wasserqualität

Im Aquarium können Algen jedoch auch problemträchtig sein. Grundsätzlich sollte gesagt werden, dass Algen aber durchaus nicht Gegenstand sorgfältig geplanter Bekämpfungsstrategien werden müssen. Selbst dann, wenn auf Blättern, Moorkienwurzeln, aber auch auf manchen Schnecken Algen wachsen, muss nicht gleich zur chemischen Keule gegriffen oder das gesamte Aquarium neu eingerichtet werden.
Algen haben sowohl in der Natur, als auch im begrenzten Volumen eines Aquariums gewissermaßen Zeigerfunktion. Das Vorkommen der Rotalge *Hildenbrandtia rivularis* beispielsweise, die als roter Aufwuchs auf Steinen im schnell fließenden, klaren Wasser von Bächen zu erkennen ist, ist Indikator einer ausgezeichneten Wasserqualität. Ähnliches kann von den meisten Grünalgen gesagt werden. Sie stellen also grundsätzlich für den Wuchs höherer Pflanzen kaum eine Gefahr dar. Nun wird dieser Satz häufig durch die Praxis relativiert und selbst Profis kann es passieren, dass in dem einen oder anderen Fall eine Algenplage langjährige Erfahrungen in Frage stellt. Ein Aquarium ist ein ökologisches System, das hinsichtlich Input (Eintrag) und Output (Austrag) als offenes System anzusehen ist. Algenwuchs und das Wachstum der höheren Pflanzen unterliegen den gleichen Einflussfaktoren. Algen sind niedere Pflanzen, die wegen ihrer einfachen Struktur und der Unmittelbarkeit ihres Stoffaustauschs mit ihrer Umgebung sehr schnell auf Veränderungen ihrer Habitate reagieren können. Häufen sich nun, durch welche Ursache auch immer, Nährstoffe im Wasser an, werden sie von den Algen zuerst genutzt. Dies führt dann häufig zu deren explosionsartiger Vermehrung.

INFO

Algenblüte
Von Zeit zu Zeit können Aquarien von einer so genannten Algenblüte heimgesucht werden. Hierbei handelt es sich um die explosionsartige Vermehrung meist einzelliger, planktischer Grünalgen, aber auch Blaualgen können beteiligt sein. Plötzliche Veränderungen im Nährstoffangebot werden als Ursachen für Algenblüte angenommen. Auch eine Erhöhung des Lichtangebots kann zu solchen Erscheinungen führen. Rechtzeitig bemerkt reicht es, lebende Daphnien in größerer Menge in das Aquarium zu geben. Diese Wasserflöhe sind nämlich Filtrierer und nutzen diese winzigen Algen für ihre Ernährung.

Ursachen für Algenwuchs

Um aber dieser dann schnell lästig werdenden Plage zu entkommen, muss zuerst erkundet werden, welche gravierenden Veränderungen in der letzten Zeit im Aquarium vorgenommen worden sind. Möglichkeiten wären beispielsweise drastische Veränderungen im Fischbesatz, Wechsel der Futterart, Düngerzusatz für besseren Pflanzenwuchs, Veränderungen in der Aquarienbeleuchtung, vor allem aber kommen auch Zusätze von Antibiotika zur Krankheitsbekämpfung bei Fischen in Frage. Es kann aber auch schon eine Temperaturerhöhung ausreichen, um den Stoffwechsel der Algen erheblich zu intensivieren und damit deren explosionsartige Vermehrung auszulösen.

Algenarten

Zur Zeit zählt man mehr als 25 000 verschiedene Algenarten. Nur wenige Botaniker kennen sich in dieser Vielfalt exakt aus. Für den Aquarianer sind grobe Klassifizierungen der einzelnen systematischen Gruppen und die Beurteilung ihrer Bedeutung für den Zustand des Aquariums hinreichend und trotzdem schwierig genug. Auch bei stärkerem Auftreten sind jedoch bei weitem nicht alle Algen für das Aquarium schädlich. In der Aquarienkultur unterscheidet man grob: Grünalgen (*Chlorophyceae*), Rotalgen (*Rhodophyta*), Kieselalgen (*Bacillariophyceae*), Braunalgen (*Phaeophyceae*) und die systematisch gemeinsam mit den Bakterien zum Reich der Monera zählenden Blaualgen, Blaubakterien oder Cyanobakterien (*Cyanophyta*). Letztere gehören zu den kernlosen Lebewesen und haben somit eine Sonderstellung, ebenso wie die höher organisierten Armleuchteralgen (*Charyophyceae*). In manchen Aquarien, aber auch in Gartenteichen, gedeihen die habituell den höheren Pflanzen ähnelnden Armleuchtergewächse erstaunlich gut. Das Vorkommen ist jedoch an ein sauberes, karbonatreiches, basisches und phosphatarmes Wasser gebunden. Eine Kultur unter Aquarienbedingungen ist deshalb relativ selten und eigentlich nur Spezialisten vorbehalten. Gelegentlich werden Arten der Gattungen *Chara* und *Nitella* kultiviert.

Grünalgen

Grünalgen stellen mit etwa 8 000 Arten neben Rotalgen die im Aquarium häufigsten Algenarten. Das Auftreten der meisten Grünalgen in geringer Populationsdichte in Aquarien ist normal. Auch sollte das gelegentlich massenhafte Auftreten von Grünalgen in ihren verschiedenen Organisationsformen durchaus als Hinweis auf ein grundsätzlich intaktes Aquarium gewertet werden. Dabei sind die den Scheiben und Pflanzen aufsitzenden kolonieartigen Algenaggregationen relativ leicht abzustreifen und stören im Allgemeinen wenig. In vielen Aquarien finden wir aber auch recht lästige Vertreter der Grünalgen, wie die Pelzalge. Hier helfen Apfelschnecken, aber auch ancistrine Saugwelse, die Algen langfristig in Grenzen zu halten.

INFO

Algenvertilger

Sowohl Fadenalgen als auch Pelzalgen werden von den kleinen Süßwassergarnelen, v.a. den „Amano-Garnelen“ *Caridina japonica*, gern gefressen. Pelzalgen werden außerdem von Apfelschnecken verzehrt. Saugschmerlen halten vor allem im Alter oft nicht das, was von ihnen erwartet wird. Auch größer werdende Schilderwelse sind, obwohl sie jede grüne Alge fressen, als dauerhafter Algenvertilger allerdings nicht zu empfehlen. Sie fressen mit zunehmender Größe, trotz vegetarischer Zufütterung, auch höhere Wasserpflanzen. Zudem sind sie wegen ihrer durch die Größe bedingten, etwas ungelenken Schwimmbewegungen für feine Aquarienpflanzen problematisch.

Fadenalgen

Fadenalgen aus verschiedenen Gattungen, meist *Cladophora*, sind da etwas lästiger. Besonders bei feinblättrigen Stängelpflanzen oder einem dichten Rasen *Echinodorus tenellus* oder ähnlich rasig wachsenden Pflanzen im Aquarium wird die Arbeit bei Fadenalgenbefall schnell zur Strafe. Oft müssen ganze Bestände vernichtet werden, da sie zu einem Knäuel nicht mehr entwirrbarer Pflanzenmasse verfilzt sind.

Rotalgen

Rotalgen kommen in etwa 5 500 Arten vor. Sie bevorzugen ein sauerstoffhaltiges, also oxidierendes Umfeld und breiten sich unter bestimmten Bedingungen im Aquarium beängstigend schnell aus. Bald überziehen sie Steine, Wurzeln und die Blätter langlebiger, langsam wüchsiger Aquarienpflanzen. Da sie zur Assimilation von Bikarbonaten fähig sind, enthalten sie häufig Kalk und werden von Fischen kaum gefressen (Abhilfe durch CO_2-Zugabe, S.126).

Große Blätter von See- und Teichrosen werden nicht so schnell von Algen besiedelt.

INFO

Gewässereutrophierung
Darunter versteht man den Übergang eines Gewässers von einem nährstoffarmen in einen nährstoffreichen Zustand. Dadurch wird das Wachstum von Pflanzen enorm verstärkt. Sie treten untereinander in Konkurrenz um Licht und Platz. Massenvermehrungen von schwebenden Algen (pflanzliches Plankton) trüben das Gewässer. Aus Lichtmangel sterben tiefer stehende Pflanzenteile und tiefer schwebende Algen ab. Die abgestorbenen Pflanzen werden von Mikroorganismen zersetzt, wobei Sauerstoff verbraucht wird. Der Sauerstoffschwund kann im Extremfall das gesamte Gewässer betreffen. Umgangssprachlich spicht man von einem „umgekippten“ Gewässer. Die gesamte organische Masse verfault nun bei anaerobem Abbau (= Abbau in Abwesenheit von Sauerstoff) unter Bildung von u.a. Methan, Schwefelwasserstoff, Ammoniak, die alle als Gifte wirken.

Blaualgen

Zu den so genannten Blaualgen oder Blaubakterien zählen verschiedene Gruppen von Lebewesen. In der Aquaristik sind Formen der sog. Schmieralgen (ca. 2000 Arten) relevant. In besonderen Fällen kommen Blaualgen symbiontisch mit höheren Pflanzen vor. Beispiel ist hier der Algenfarn *Azolla*, der mit der Blaualgengattung *Anabaena* in Symbiose lebt. Blaualgen sind in der Lage, molekularen Stickstoff zu fixieren und tragen damit zur Gewässereutrophierung bei. Sie tolerieren Nitratkonzentrationen über 200 mg/l problemlos. Gleiches gilt für die Phosphattoleranz. Wegen ihres rasanten Wachstums können Blaualgenkolonien innerhalb kürzester Zeit das gesamte Aquarium überziehen. Höhere Pflanzen werden unter diesem Teppich erstickt. Der Bodengrund wird abgedeckt und durch fehlende Wasserzirkulation treten bald anaerobe Zustände auf. Zerfallsprodukte der Blaualgen sind meist giftig für die Fische und Wirbellosen im Aquarium.

URSACHEN Im Allgemeinen sind massenhaft auftretende Blaualgen Indikator für gravierende Störungen im „Ökosystem” Aquarium, meist resultierend aus einer Nährstoffüberlastung, wie sie durch unzweckmäßig hohe Futtergaben in Verbindung mit unzureichendem Wasserwechsel, aber auch ungeeignetem Bodengrund entstehen kann.

ABHILFE Einzige Bekämpfungsmöglichkeit besteht im fortwährenden Stören der Entwicklung dieser Kolonien durch Absaugen des Bodengrundes, Abstreifen der Filme von Einrichtungsgegenständen sowie Scheiben und täglichem Wasserwechsel. Gleichzeitig sollten so viel wie möglich schnell wachsende höhere Pflanzen wie das Hornblatt *Ceratophyllum* oder *Egeria* (Wasserpest), aber auch andere schnell wachsende und damit stark Nährstoff zehrende Arten im Aquarium untergebracht werden.

PROBLEM	URSACHE	LÖSUNG
Schmierige, bläuliche oder graue Beläge auf Scheiben und Einrichtung.	Blaualgen, Schmieralgen. Zu hoher Fischbesatz. Überfütterung. Ungeeigneter Bodengrund.	Algenbeläge absaugen. Häufiger Teilwasserwechsel in Tagesabständen, Wasserdurchlauf installieren. Fischbesatz reduzieren (empirisch). Lebendfutter verabreichen oder knapp mit käuflichem Futter füttern. Bodengrund, wenn er zu viele organische Bestandteile enthält, austauschen.
Abnorm gefärbtes, trübes Wasser mit abweichendem Geruch.	Massenhafte Entwicklung von Schwebealgen oder Infusorien wegen Überfütterung, verendeter Tiere, ungeeignetem Bodengrund, funktionsgestörtem Filter, Überdüngung.	Häufiger Teilwasserwechsel in Tagesabständen, Wasserdurchlauf. Futtergaben drastisch reduzieren, auf lebende Daphnien umstellen. Bodengrund testen, ggf. austauschen (nur bei hohem Anteil organischer Bestandteile).
Ausbildung einer stabilen Oberflächenhaut.	Rasen von Mikroorganismen an der Wasseroberfläche.	Häutchen durch Auflegen saugfähiger Materialien (Zeitungspapier) abnehmen. Verstärkung der Oberflächenbewegung. Einsatz eines Skimmers zur Oberflächenabsaugung.

Ein gesunder Bestand von *Hygrophila corymbosa.*

Kranke Aquarienpflanzen

Stiefkind der Forschung

Die Phytopathologie ist die Lehre von den Krankheiten der Pflanzen. Sie widmet sich besonders den Arten und Sorten, die für die landwirtschaftliche und gärtnerische Produktion relevant sind. Aber auch die Teichpflanzen aus gärtnerischer Kultur sind hinsichtlich ihrer Krankheiten gründlicher als die meisten anderen Sumpf-, Wasser- und Uferpflanzen, besonders aber Aquarienpflanzen, untersucht worden. Fast alle mir bekannten Aussagen zu Krankheiten von Aquarienpflanzen sind Ergebnisse empirischer Erkenntnisse. Weitaus seltener liegen ihnen gezielte wissenschaftliche Analysen zu Grunde. Sicher ist, dass Wasserpflanzen und damit auch Aquarienpflanzen genauso krank werden können wie Landpflanzen.

Ursachen für Erkrankungen

Oft geht der Erkrankung einer Pflanze eine Schwächung des Organismus voraus. Die Ursachen können vielschichtig sein. Pflanzen fressende Aquarientiere, unzureichende Wasserpflege, übermäßige Futtergaben, plötzliche Veränderungen der Pflegebedingungen können genauso Ursache sein, wie Konkurrenz der Pflanzen untereinander oder so genannte allelopathische Effekte.

ALLELOPATHIE Durch Ausscheidung von wuchshemmenden Substanzen sind manche höhere Pflanzen in der Lage, sich einen Freiraum zur Individualentfaltung zu schaffen. Auch Aquarienpflanzen können gegeneinander unverträglich reagieren, wie beispielsweise bestimmte Cryptocorynen gegen Vallisnerien. Durch eine ausgeglichene Wasser- und planvolle Pflanzenpflege ist es möglich, die Kulturbedingungen für Aquarienpflanzen so weit zu optimieren, dass pathogene Effekte weitgehend ausgeschlossen werden können.

▶ PROBLEM	▶ URSACHE	▶ LÖSUNG
Allgemein schlechtes „spilleriges“ Aussehen der Pflanzen.	Falsche, unzureichende oder überalterte Lampen. Nährstoffmangel.	Erneuerung der Lampen. Verlängerung der Beleuchtungszeit auf mindestens 12 Stunden. Anpassung der Lampenspektren an Bedürfnisse der Pflanzen („Pflanzenlicht“). Einbringen von Langzeitdünger (Lehm) in den Bodengrund. Evtl. Zusatz von Kohlendioxid.
Stängelpflanzen wachsen in langen Internodiensprüngen.	Zu schwache Beleuchtung.	Anpassen der Beleuchtungsstärke an die Bedürfnisse der Stängelpflanzen.
Blätter sind blassgrün, von schwächlicher Substanz.	Nährstoffmangel durch gewaschenen Bodengrund. Ausfällen (Blockieren) von Nährstoffen durch zu hohen pH- Wert.	Zugabe von Lehm an die Wurzeln der Pflanzen. Absenken des pH-Wertes durch die Zugabe von Kohlendioxid. Evtl. Zugabe chelatmaskierter (pflanzenverfügbarer) flüssiger Aquarienpflanzendünger.
Blätter werden löchrig, sind aber sonst gesund.	Fraßstellen durch Aquarienbewohner.	Auf Pflanzenfresser achten. Ggf. Zufütterung von pflanzlicher Kost.
Glasige, später nekrotische Flecke auf den Blättern, Zerfall der Blätter.	Mangelhafte Wasserpflege. Einseitige Nährstoffüberlastung durch z.B. Nitrat – Cryptocorynenkrankheit“.	Häufiger Teilwasserwechsel, möglichst Wasserdurchlauf. Nitrateliminierung. Verhinderung zu drastischer Wechsel der Pflegebedingungen (Licht, Düngung, Fischbesatz, Temperatur).

► PROBLEM	► URSACHE	► LÖSUNG
Mechanisch beschädigte Pflanzen und Pflanzenteile.	Es sind arge Pflanzenfresser oder große, revierbildende und damit revierbereinigende“ Fische im Aquarium.	Anpassung des Pflanzenbesatzes an die gepflegten Tiere.
Weiße, raue Beläge auf den Blättern.	Ablagerung von Kalziumkarbonat durch „biogene Entkalkung“.	Dosierte Zugabe von Kohlendioxid (CO_2- Düngung).
Wiederkehrend verfaulende unterirdische Pflanzenteile.	Ungeeigneter Bodengrund. Unzureichende Wasserpflege. Stark vermulmter, zu grober Bodengrund.	Absaugen und Durchspülen des Bodengrundes. Regelmäßiger Wasserwechsel. Ggf. Austausch des Bodengrundes.
Verkrüppelte, unnatürlich verformte emerse Pflanzenteile.	Schädlingsbefall (Blattläuse, Weiße Fliege, Spinnmilben usw.).	Vorsichtige mechanische Bekämpfung (Abstreifen der Schädlinge). Befallene Pflanzenteile kurzzeitig unter Wasser drücken. Fische fressen Schädlinge oft ab.
Vertrocknete emerse Pflanzenteile.	Pflanzenteile verbrennen an der Beleuchtungsanlage. Nährstoffmangelkrankheiten.	Beleuchtungsanlage höher hängen. Nach Abklärung des Nährstoffmangels gezielte Zugabe der entsprechenden Düngerlösung.

AQUARIENPFLANZEN IM PORTRÄT

Die Welt der Aquarienpflanzen

Pflanzen für das Aquarium

Es ist die Summe vieler Parameter, die Erfolg oder Misserfolg in der Pflanzenaquaristik bedingt. Bodengrund, Wasserbeschaffenheit, Fütterungsstrategie für die Aquarienbewohner und pflanzensoziologische Aspekte beeinflussen wesentlich, ob eine künstlich zusammengestellte Pflanzengemeinschaft in einem begrenzten Wasservolumen Überlebenschancen hat. Nun darf man erst einmal getrost der ökologischen Valenz unserer Aquarienpfleglinge trauen. Pflanzen, die mit den gegenwärtig optimal möglichen Bedingungen nicht zurechtkommen, haben das auch mit dauerhafter Verweigerung dokumentiert, z.B. an Pflanzen wie *Barclaya mottley, Ottelia mesenterium,* aber auch die kurzlebige Pflanze *Hydrothrix gardneri* (Brasilianisches Wasserhaar).Trotzdem bleiben hinreichend Arten und Sorten aquaristisch bestens geeigneter Sumpf- und Wasserpflanzen übrig, um ausgewogen und interessant gestaltete Schauaquarien zu bepflanzen. Eine Auswahl davon wird nun vorgestellt. Alle Angaben beziehen sich, wenn nicht ausdrücklich anders genannt, auf die submerse Form der Pflanzen. Doch zunächst einige Anmerkungen zu ausgewählten Gattungen.

INFO

Ökologische Toleranz bzw. Valenz
Sie bezeichnet den Wertebreich eines Umweltfaktors, innerhalb dessen die Individuen einer Population oder Art existieren können.

***Aponogeton*-Arten sind oftmals anspruchsvolle Pflanzen und setzen Erfahrung in der Pflege voraus.**

Einige ausgewählte Gattungen

ANUBIAS Diese Gattung ist hauptsächlich in einem begrenzten Gebiet entlang der tropischen Küste Westafrikas von Senegal bis nach Zaire, aber auch in Mali und Ostzaire an Gewässerrändern gefunden worden. Sie umfasst 8 Arten. Die Art *Anubias barteri* wird überdies in 5 Varietäten unterteilt, von denen nahezu alle gut für die Kultur im Aquarium geeignet sind. Dazu gibt es eine systematisch noch unklare Form Anubias barteri „Coffeefolia“. Alle Arten sind Rosettenpflanzen mit auf dem oder im Substrat kriechend wachsendem, walzlichem, mehr oder weniger dicken Rhizom. Die rückwärtigen Blätter sterben nach und nach ab. Zu beachten ist, dass die Unterwasserblätter aller Anubias-Arten sehr dauerhaft und damit besonders für Rotalgen-

Cryptocorynen sollten erst in bereits eingefahrene Aquarien gepflanzt werden.

INFO

Helligkeitsangaben

Die Helligkeitsangaben in den Porträts beziehen sich auf Wasserstände über dem Bodengrund von höchstens 50 cm. Die Maßeinheit W/l Wasserinhalt ist eine Erfahrungszahl und bezieht sich auf die Lichtfarben

Neutralweiß 20
Warmweiß 21
Warmton 30 und
Warmton de luxe 31

von üblichen stabförmigen Leuchtstofflampen. Davon abweichende Lichtfarben können zu anderen Helligkeitsergebnissen führen:

weniger als 0,4 W/l = mäßig hell
0,5–0,7 W/l = hell
mehr als 0,7 W/l = sehr hell

befall prädestiniert sind. Hier könnte Kohlendioxidzusatz Abhilfe schaffen.

APONOGETON Die Gattung Aponogeton ist in den Tropen und Subtropen der Alten Welt weit verbreitet. In Amerika fehlt sie. Alle Aponogeton- Arten sind Wasserpflanzen mit mehr oder minder ausgeprägter, teils ökologisch bedingter Wuchsrhythmik. Es werden sowohl temporäre, als auch permanente, fließende oder stehende Gewässer besiedelt. Alle Arten sind Rosettenpflanzen und besitzen Speicherorgane in Knollen- oder Rhizomform, um gegebenenfalls ungünstige Jahreszeiten zu überdauern. Der Bodengrund sollte immer lehmhaltig sein. Bei rhizombildenden Arten bleiben die rückwärtigen Wurzeln erhalten. Nur in Ausnahmefällen findet eine Rhizomverzweigung statt (*A. rigidifolius*). Der Blütenstand ist, je nach Art, eine ein- oder mehrschenklige Ähre unterschiedlicher Färbung. Im Samen liegt bereits der fertige Embryo vor, der sofort nach dem Ausfallen submers keimt. Die Aufzucht gestaltet sich je nach Art unterschiedlich schwierig.

CRYPTOCORYNE Die Gattung Cryptocoryne ist in ganz Südostasien in den küstennahen Gebieten, einschließlich der Inseln verbreitet. Die krautigen Pflanzen wachsen rosettig und vermehren sich im Wesentlichen vegetativ durch Ausläufer, bilden aber auch Samen. Je nach Vorkommen und Biotopbeschaffenheit sind die Arten mehr oder weniger für die Unterwasser-Kultur im Aquarium geeignet.

ECHINODORUS Diese Gattung ist nur in Amerika verbreitet, von den USA bis nach Argentinien. Echinodorus-Arten sind rosettig wachsende Sumpfpflanzen, die längere oder dauerhafte Überflutung ertragen. Manche Sippen sind rheobiont, andere einzeln stehend und mit Rhizom oder Ausläufer bildend und rasig. (Die rasenbildenden Taxa werden nach neueren Untersuchungen der Gattung *Helanthium* zugeordnet.). Die Blätter sind sehr variabel, die Blüten entstehen an aufrechten oder niederliegenden Blütenständen und sind dreizählig.

Kleines Papageienblatt
Alternanthera reineckii BRIQUET
Amaranthaceae

VERBREITUNG Südamerika.
MERKMALE Aufrechte Stängelpflanze. Blätter sitzend oder kurz gestielt, bis 7,5 cm lang und 1,5 cm breit. Blattränder je nach Form glatt oder gewellt. Die Art ist sehr variabel und kommt in verschiedenen Formen mit unterschiedlicher Blattfärbung vor. Besonders attraktiv sind Formen mit tiefroter, weinroter und lilaroter Blattfärbung.
KULTUR Relativ anspruchslos, 18–25 °C, Beleuchtung > 0,7 W/l, pH leicht sauer bis neutral, Wasserhärte bis KH 15°, CO_2-Düngung empfehlenswert.
VERWENDUNG Gruppenpflanze der vorderen und mittleren Beckenpartien.
VERMEHRUNG Sprossteilung und/oder Meristemkultur.

Große Cognacpflanze
Ammannia gracilis
GUILLEMIN & PERROTTET
Lythraceae

VERBREITUNG Senegal, Gambia.
MERKMALE Aufrechte Stängelpflanze. Blätter bis 6 cm lang und etwa 1,5 cm breit. Blattoberseite oliv bis kräftig braunorange gefärbt, Blattunterseite lilarot. Je stärker die Beleuchtung ist, desto kräftiger werden die Farben.
KULTUR Anspruchsvolle Aquarienpflanze, 24 bis 28 °C, Beleuchtung > 0,7 W/l. Kohlendioxiddüngung in härterem Wasser zwingend, in weichem Wasser hilfreich. Haltbar bis KH 18°, pH-Wert leicht sauer bis neutral. Auf eine ausreichende Nährstoffversorgung sollte geachtet werden. Lehmhaltiger Bodengrund ist wichtig.
VERWENDUNG Kontrastpflanze vor hellgrünen Arten wie Hygrophila, aber auch Limnophila-Arten. Auf Grund ihrer Größe sollte die Art in Aquarien mit Kantenlängen über 100 cm und mindestens 40 cm Wasserstand gepflegt werden. Gruppen von 5 Stängeln und mehr kommen auf starken Punkten der mittleren Aquarienpartien besonders zur Geltung.
VERMEHRUNG Sprossteilung und/oder Meristemkultur.

Kleine Cognacpflanze
Ammannia senegalensis LAMARCK
Lythraceae

VERBREITUNG Senegal, Gambia, Abessinien, nördlich bis Oberägypten, südlich bis Südafrika.
MERKMALE Die Art unterscheidet sich von *Ammannia gracilis* durch insgesamt kleineren Wuchs. Blattränder erscheinen nach unten eingerollt, wodurch die Blattfläche gewölbt wirkt. Diese Erscheinung ist nicht durch Nährstoffmangel bedingt, sondern der Art immanent.
KULTUR Entspricht im Wesentlichen den Ansprüchen von *Ammannia gracilis*.
VERWENDUNG Hauptsächlich findet die Pflanze als Kontrast zu hellgrünen Arten Verwendung. Sie ist auch für kleinere Aquarien geeignet.
VERMEHRUNG Sprossteilung und/oder Meristemkultur.

Afzelius` Speerblatt
Anubias afzelii SCHOTT
Araceae

VERBREITUNG Tropisches Westafrika.
MERKMALE Die Art ist eine kräftige, robuste Sumpfpflanze, die längerfristig Überflutung erträgt. Sie kann allerdings über 1 m hoch werden und trägt dann an 70 cm langen Stielen ihre ledrigen, elliptischen Blätter. Im Aquarium längere Zeit haltbar, später herauswachsend, dann auch blühend.
KULTUR Um 25 °C, mäßige Beleuchtung. Keine besonderen Ansprüche an die Wasserbeschaffenheit.
VERWENDUNG Harte Art für Buntbarschaquarien, lässt sich aber auch als Solitärpflanze im Pflanzenaquarium verwenden.
VERMEHRUNG Durch Rhizomteilung.

Barters Speerblatt

Anubias barteri var. barteri SCHOTT
Araceae

VERBREITUNG Tropisches Westafrika.
MERKMALE Bis 40 cm hoch werdende Sumpfpflanze mit 15 x 7 cm großen, lang gestielten Blattspreiten. Die Beschaffenheit der Blätter ist ledrig, zwischen den Nerven buckelig gewölbt und zum Blattrand hin gewellt.
KULTUR Siehe *A. afzelii*.
VERWENDUNG Hintergrundpflanze zum Bewuchs von Wurzeln und Steinen. Gut für offene Aquarien geeignet. Über Wasser wirken die dunkelgrün glänzenden Blätter sehr dekorativ. Über Wasser kommt die Pflanze auch regelmäßig zur Blüte.
VERMEHRUNG Durch Rhizomteilung.

Zwergspeerblatt

Anubias barteri nana CRUSIO
Araceae

VERBREITUNG Tropisches Westafrika.
MERKMALE Kleine, bis 20 cm hoch werdende Speerblattart. Die Blätter sind mittelgrün, glänzend, leicht strukturiert. Ungestört bilden sich in relativ kurzer Zeit dichte Speerblattmatten.
KULTUR Siehe *A. afzelii*.
VERWENDUNG Sehr gut zum Begrünen von Vordergrund, Moorkienholz und Seitenverkleidung geeignet. Sehr ausdauernde Pflanze. Auf für Buntbarschaquarien und Paludarien gut geeignet.
VERMEHRUNG Durch Rhizomteilung.

Coffeeifolia
Anubias barteri
Araceae

VERBREITUNG Tropisches Westafrika.
merkmale Die wohl schönste Form der aquaristisch verwendeten Speerblätter. Etwa so groß werdend wie *Anubias barteri* var. *nana*. Die Blätter sind lackglänzend, dunkelgrün, im Austrieb olivgrün. Die Blattstruktur zwischen den Nerven ist etwas bullös, wodurch der Vergleich mit Blättern des Kaffeestrauches nahe liegt. Die Form bildet durch ihre Verzweigung der Rhizome bald dichte, oft nicht höher als 10 cm werdende Matten.
KULTUR Anspruchslose Pflanzen. Siehe auch *Anubias afzelii*.
VERWENDUNG Sehr gut zum Begrünen von Vordergrund, aber auch Moorkienholz und Seitenverkleidung geeignet.
VERMEHRUNG Durch Rhizomteilung.

Dreieckiges Speerblatt
Anubias gracilis HUTCHINSON
Araceae

VERBREITUNG Tropisches Westafrika.
MERKMALE Große, bis 80 cm hoch werdende Sumpfpflanze, die auffällig dreieckige Blattspreiten hat. Als Jungpflanze scheinbar gut für die Aquaristik geeignet und deshalb häufig angeboten. Im Aquarium lange sehr zögerliches Wachstum. Eigentlich aber nur für offene Aquarien oder große Paludarien verwendbar.
KULTUR Siehe *A. afzelii*.
VERWENDUNG Solitärart für offene Aquarien oder Paludarien. Eine dauerhaft submerse Kultur führt erfahrungsgemäß meist zu Kümmerwuchs.
VERMEHRUNG Durch Rhizomteilung.

Boivins Wasserähre
Aponogeton boivinianus JUMELLE
Aponogetonaceae

VERBREITUNG Madagaskar.
MERKMALE Große Wasserpflanze mit knollenförmigem Rhizom. Die flaschengrünen, durchscheinenden Blätter sind stark bullös und gewellt, bis 60 cm lang und 8 cm breit mit einem bis 25 cm langen Stiel. Der Blütenstand ist 2- bis 3-schenklig und weiß bis rosa gefärbt, bis 70 cm lang.
KULTUR Empfehlenswerte Wasserpflanze, die jedoch wegen ihrer Wuchsrhythmik besonderer Beachtung bedarf. 22 bis 25 °C und helle Beleuchtung sind erforderlich. Die Art kann Bikarbonate für die CO_2-Gewinnung nutzen.
VERWENDUNG Solitärpflanze für große, hohe Aquarien.
VERMEHRUNG Durch Samen, recht kompliziert.

Krause Wasserähre
Aponogeton crispus THUNBERG
Aponogetonaceae

VERBREITUNG Indien, Sri Lanka.
MERKMALE Wasserpflanze mit knolligem Rhizom. Sehr variable Art mit bis zu 50 cm langen und 4,5 cm breiten, etwa 10 cm gestielten, stark gewellten bis gekräuselten hellgrünen bis bräunlichen Blättern, je nach Sippe auch Schwimmblätter bildend, die aber nie lästig werden. Blütenstand einschenklig, weiß bis blass rosa.
KULTUR Einfach zu pflegende Art, meist ohne besonders ausgeprägte Wuchsrhythmik. 25–30 °C, weiches bis mittelhartes Wasser mit leicht saurem pH-Wert sind ideal. Mit CO_2-Zusatz lässt sich die Art aber auch in hartem Wasser pflegen.
VERWENDUNG Solitärpflanze der mittleren und hinteren Aquarienbereiche.
VERMEHRUNG Durch Samen, recht einfach.
ANMERKUNG Es gibt bereits einige Kreuzungen aus *A. crispus* und anderen Aponogeton-Arten mit guter Aquarieneignung.

Madagassische Wasserähre, Gitterpflanze

Aponogeton madagascariensis H.W.E. VAN BRUGGEN
Aponogetonaceae

VERBREITUNG Madagaskar.
MERKMALE Wasserpflanze mit knolligem Rhizom. Die Blätter sind durch bis auf die Adern reduziertes Blattgewebe auffällig (Gitterpflanze). Es gibt verschiedene Formen der Gitterpflanze mit breiten oder schmalen Blättern und unterschiedlicher Gitterung. Der Blütenstand ist mehrschenklig, oft auffällig weiß, rosa oder tiefviolett gefärbt.
KULTUR Sehr schwierige Art, die kühles, bewegtes Wasser mit ausreichender Kohlendioxidsättigung benötigt. Beleuchtung > 0,4 W/l. Es ist bisher wenigen Spezialisten gelungen, die Pflanze über längere Zeit erfolgreich zu pflegen, noch seltener ist eine erfolgreiche Vermehrung über mehrere Generationen.
VERWENDUNG Solitär für optisch starke Punkte im Aquarium.
VERMEHRUNG Durch Samen, sehr schwierig.

Robinsons Wasserähre

Aponogeton robinsonii A.CAMUS
Aponogetonaceae

VERBREITUNG Zentral- und Südvietnam.
MERKMALE Wasserpflanze mit knollenförmigem Rhizom. Blätter bis 50 cm lang, transparent, meist dunkel-olivgrün, an den Rändern gewellt. Die Art bildet gelegentlich Schwimmblätter mit höchstens 20 cm langen, 4 cm breiten Spreiten, die jedoch nicht zu sehr stören. Interessant ist die zweischenklige, einseitswendige, eigenartig gebogene Ähre mit weißen Blüten.
KULTUR Einfache Kultur. Die Art stellt kaum Ansprüche an die Wasserbeschaffenheit. Nährstoffreicher Bodengrund und Wasserströmung sind wuchsfördernd.
22–28 °C, helle Beleuchtung.
VERWENDUNG Interessante Begleitpflanze hellgrüner Arten mit flächiger Wirkung.
VERMEHRUNG Durch Samen. Relativ unkompliziert.

Gewellte Wasserähre

Aponogeton undulatus ROXBURGH
Aponogetonaceae

VERBREITUNG Südostasien, westliches Hinterindien.
MERKMALE Wasserpflanze mit fast rundem, knolligem Rhizom. Blattspreite bis 25 x 4 cm groß, bis 35 cm lang, gestielt. Blätter mittelgrün bis flaschengrün, transparent mit dunkleren, gleichfalls transparenten Feldern. Echte Blütenstände selten, einährig, weiß. An abgewandelten Blütenständen entstehen Adventivpflanzen mit Knollen und Blättern.
KULTUR Einfache Kultur, ohne besondere Ansprüche an die Wasserbeschaffenheit. 22–28 °C, helle Beleuchtung.
Lehmhaltiger Bodengrund ist Voraussetzung für kräftige Pflanzen.
VERWENDUNG Interessante Begleitpflanze hellgrüner Arten mit flächiger Wirkung.
VERMEHRUNG Durch Adventivpflanzen.

Großes Fettblatt

Bacopa caroliniana ROBINSON
Scrophulariaceae

VERBREITUNG Südliche und mittlere USA.
MERKMALE Aufrecht wachsende Stängelpflanze. Blätter stängelumfassend, kreuzgegenständig, bis 3 cm lang und 2 cm breit, ganzrandig. Die Pflanze ist insgesamt fleischig (Fettblatt). Bei Teichkultur im Freiland werden die Sprosse rotbraun. Die mittelblauen, selten weißen Rachenblüten entstehen einzeln, blattachselständig und nur über Wasser.
KULTUR Anspruchslose Aquarienpflanze. Wächst besser in weichem, gedeiht aber auch in mittelhartem Wasser, um 25 °C, pH-Wert um den Neutralpunkt, 0,4 bis 0,7 W/l. Bei intensiver Beleuchtung werden die Sprosse olivgrün bis bräunlich.
VERWENDUNG Gruppenpflanze für die mittleren Beckenpartien. Wirkt etwas steif. Um die hübschen Sprossspitzen zu sehen, ist stufiger Aufbau der Gruppen ratsam.
VERMEHRUNG Sprossteilung und/oder Meristemkultur.

Langblättrige Barclaya

Barclaya longifolia WALLICH
Nympheaceae

VERBREITUNG Tropisches Südostasien.
MERKMALE Wasserpflanze mit knolligem bis walzlichem Rhizom. Blätter grundständig, bis 20 cm gestielt. Spreiten länglich, bis 30 cm lang und meist bis 5 cm breit, basal herzförmig, an der Spitze spießförmig zugespitzt, weich. Besonders kräftige Pflanzen entstehen auf lehmigem Substrat. Es sind eine rotbraune und eine grüne Form in Kultur. Die Blattoberseite der grünen Form ist olivgrün, die Unterseite hellviolett bis weinrot gefärbt. Bei der roten Form sind die Blattoberseiten rötlich. Die Blüten blühen in aufgetauchtem Zustand und unter Wasser. Samenansatz durch Selbstbestäubung und Kleistogamie. Die kugeligen Samen keimen leicht. Aufzucht mühsam, aber nicht kompliziert.
KULTUR Weiches bis mittelhartes, leicht saures Wasser. Kohlendioxidzusatz empfehlenswert, mindestens 25 °C, Beleuchtung 0,5–0,7 W/l, Lehmzusatz im Bodengrund ratsam.
VERWENDUNG Die Art bildet wunderbare, vielblättrige Solitärbüsche vor hellgrünen Pflanzen wie *Limnophila*- oder *Hygrophila*-Arten. Relativ hoher Platzbedarf.
VERMEHRUNG Verzweigung durch Austrieb ruhender Knospen.

Auberts Fadenkraut

Blyxa aubertii L.C.RICHARD
Hydrocharitaceae

VERBREITUNG Indien bis Japan, Australien, Madagaskar, Tansania, Neophyt in Louisiana.
MERKMALE Rosettenpflanze mit kurzer, aufrechter Sprossachse. Blätter linealisch zugespitzt, bis 60 cm lang und etwa 5 mm breit. Färbung der Blätter hellgrün, olivgrün bis bronzefarben.
KULTUR Weiches, leicht saures Wasser bringt große attraktive Pflanzen. Helle Beleuchtung ab 0,6 W/l lässt die Pflanzen schön bronzefarben werden. Pflegetemperatur 20 bis 28 °C. CO_2-Zusatz und nährstoffreicher Bodengrund wirken sich günstig aus. Die Art ist im Aquarium sehr kurzlebig, vermehrt sich aber durch die reichlich gebildeten Samen. Aussaat auf feuchtem Substrat, zuweilen Selbstaussaat.
VERWENDUNG Jungpflanzen können eine Zeit lang als Gruppe im Aquarienvordergrund verwendet werden. Adulte Exemplare sind dekorative Solitärpflanzen für die mittleren Aquarienpartien.
VERMEHRUNG Durch Aussaat.

Afrikanischer Flussfarn, Kongo-Wasserfarn
Bolbitis heudelotii ALSTON
Lomariopsidaceae

VERBREITUNG Tropisches Afrika.
MERKMALE Amphibischer Farn mit bis 1 cm dicker, kriechender, schuppiger, auf Wurzeln und Steinen fest verankerter Sprossachse. Submerse Blätter gefiedert, an den Rändern grob gezähnt, flaschengrün, transparent. Emerse Blätter doppelt gefiedert, dunkelgrün, zäh und hart.
KULTUR Bevorzugt weiches, leicht saures Wasser, 20 bis 28 °C, gedeiht auch in mittelhartem Wasser, wenn ausreichend Kohlendioxid zugeführt wird, strömungsreiches Wasser in Nähe des Filterrücklaufes günstig, wächst in offenen Aquarien aus dem Wasser hinaus und bildet herrlich dichte Pflanzenbüsche.
VERWENDUNG Gut geeignet zum Bewachsen von Steinen, Wurzeln oder Aquarien-Innenwandverkleidungen. Wegen seiner dunkelgrünen, transparenten Färbung gute Kontrastpflanze.
VERMEHRUNG Durch Sprossteilung.

Carolina-Haarnixe
Cabomba caroliniana A.GRAY
Cabombaceae

VERBREITUNG Östliche USA, südöstliches Südamerika.
MERKMALE Aufrecht wachsende Stängelpflanze, bei Erreichen der Wasseroberfläche flutend weiterwachsend. Gegenständige, handförmig gefiederte, gestielte Blätter. Die Art wird gegenwärtig in drei Varietäten und eine Sorte unterteilt. Die einzelnen Blattsegmente sind bei der Sorte „Silbergrün" in sich gedreht, sodass die hellere Blattunterseite mehrfach oben liegt und ein silbriger Eindruck entsteht. Blühende Sprossabschnitte terminal mit wenigen Schwimmblättern. Blütenkrone weiß. Der oberste Seitenspross wird zum Fortsetzungsspross und kann seinerseits erneut zum Blühen übergehen.
KULTUR Die Art und auch die Sorten bevorzugen weiches, leicht saures Wasser, kommen auch mit mittelhartem Wasser noch zurecht. 20 bis 25 °C. Helle Beleuchtung bringt Pflanzen mit kurzen Internodien, wodurch das Erscheinungsbild der Pflanzen verbessert wird. Cabomba-Arten sind recht pflegeintensiv, da häufiges Einkürzen erforderlich wird.
VERWENDUNG Gruppenpflanze für die mittleren und hinteren Aquarienbereiche. Kontrast für hellgrüne und farbige Arten.
VERMEHRUNG Sprossteilung.

Mexikanische Haarnixe

Cabomba palaeformis FASSETT
Cabombaceae

VERBREITUNG Mittelamerika.
MERKMALE Aufrecht wachsende Stängelpflanze, bei Erreichen der Wasseroberfläche flutend weiterwachsend. Gegenständige, handförmig gefiederte, gestielte Blätter. Es gibt eine grünblättrige und eine braune Farbform. Die Blattsegmente sind feiner als bei der vorgenannten Art.
KULTUR Unkomplizierte Kultur. Es wird problemlos mittelhartes bis hartes Wasser auch ohne Kohlendioxidzusatz toleriert. Beide Formen wachsen im Gegensatz zu fast allen anderen *Cabomba*-Arten auch unter HQL-Beleuchtung zufriedenstellend. 18 bis 25 °C. Nahrhafter Bodengrund ist wuchsfördernd.
VERWENDUNG Durch den buschigen Wuchs der filigranen Pflanzen überall als Kontrastpflanze zu Arten mit flächigen Blättern einsetzbar. Besonders attraktiv wirkt die braune Form, da sie durch Bestockung besonders dichte Büsche bildet.
VERMEHRUNG Sprossteilung.

Echter Seeball

Cladophora aegagrophila L.
Cladophoraceae

VERBREITUNG Mittel- und Osteuropa, Ostasien.
MERKMALE Grünalgenform, die auf Grund der radiären Anordnung ihrer stark verzweigten Zellaggregationen kompakte ball- oder mattenförmige Gebilde (Thalli) bildet.
KULTUR Die Kultur ist recht einfach. Die Wasserhärte ist im aquarienüblichen Bereich ohne Bedeutung, der pH-Wert sollte im alkalischen Bereich liegen. Die Temperatur kann, der Herkunft gemäß, um oder kurz unter 20 °C liegen. Je nach Lichteinfall und in Abhängigkeit von der Assimilationsleistung können die Algenbälle in unterschiedliche Höhe im Aquarium aufsteigen, liegen aber eigentlich am Boden. Mulmanreicherungen lassen sich leicht ausspülen.
VERWENDUNG Kuriosum ohne besonderen gestalterischen Wert.

Dauerwellen-Hakenlilie

Crinum calamistratum
BOGNER & HEINE
Amaryllidaceae

VERBREITUNG Westkamerun.
MERKMALE Attraktive Wasserpflanze, Rosettenpflanze mit einer kleinen, länglichen Zwiebel. Die hell- bis flaschengrünen Blätter sind mit 0,5 cm sehr schmal und bis 200 cm lang. Mittelrippe deutlich hervorgehoben. Die Blattränder sind extrem dicht gekräuselt. Der Blütenstand wird über den Wasserspiegel hinaus gehoben. In einer endständigen Dolde entfalten sich bis zu drei stark duftende Blüten. Unter Aquarienbedingungen seltenes Blühen.
KULTUR Anspruchslose Art. Temperaturen bis 28 °C, weiches bis mittelhartes Wasser, pH-Wert um 7, Beleuchtung ab 0,4 W/l. Bei fehlendem freien CO_2 ist die Art zur Bikarbonatassimilation befähigt. Die so entstehenden Kalkkrusten lassen sich schwer entfernen.
verwendung Solitär vor flächigen Blattstrukturen. Sehr gut geeignet für höhere Aquarien. Die größer werdenden Arten *Crinum natans* Baker, die Flutende Hakenlilie und *Crinum thaianum* J. Schulze, die Thailändische Hakenlilie, sind in ihren Ansprüchen ähnlich, benötigen aber größere Aquarien ab 150 cm Kantenlänge. Wer die Möglichkeit hat, sollte zumindest die Flutende Hakenlilie einmal pflegen, da sie herrlich blüht.
VERMEHRUNG Tochterzwiebeln.

Aponogetonblättriger Wasserkelch

Cryptocoryne aponogetifolia MERRILL
Araceae

VERBREITUNG Philippinen.
MERKMALE Reine Wasserpflanze mit immensen Ausmaßen. Die in Stiel und Spreite geteilten Blätter werden über 100 cm lang und bis 4 cm breit, sind stark bullös und schwimmen auch in höheren Aquarien bald auf der Wasseroberfläche. Sehr wüchsig und schwer beherrschbar.
KULTUR Die Art wächst unproblematisch auch in härterem Wasser und ist hier befähigt, Bicarbonate zu spalten, um CO_2 zu gewinnen. 21 bis 28 °C, der Lichtbedarf ist eher mäßig, doch wird auch Starklicht von der Pflanze vertragen.
VERWENDUNG Gut geeignet nur für große Aquarien mit Großcichliden und ähnlich robusten Arten. Für kleine und mittlere Becken abzulehnen.
VERMEHRUNG Durch intensive Ausläuferbildung.

Herzblättriger Wasserkelch, rosanervig

Cryptocoryne cordata GRIFFITH
Araceae

VERBREITUNG Hauptsächlich Malaiische Halbinsel.
MERKMALE Die Art an sich ist bereits sehr polymorph. Die Sorte „Rosanervig“ wurde in einer Pflanzenlieferung gefunden. Die Ursache der Rosanervigkeit ist nicht eindeutig geklärt.
MERKMALE Sehr große, bis 60 cm hoch werdende Art. Blattspreiten bis 19 x 10 cm groß, bei der Sorte schmaler. Die Blattnervatur ist weißlich bis kräftig rosa gefärbt. Nach eigenen Erfahrungen sind die Auslösefaktoren der Färbung nicht reproduzierbar. Auch die Ursachen sind nicht zweifelsfrei geklärt.
KULTUR Relativ einfach zu haltende Pflanze mit bescheidenen Pflegeansprüchen. Weiches bis mittelhartes Wasser, um 25 °C. Kohlendioxid-Zusatz ist förderlich, aber nicht zwingend. Die Lichtansprüche sind mäßig. Weniger Licht ergibt deutlich größere Pflanzen. Die Pflanze sollte ungestört wachsen können. Nahrhafter Bodengrund erforderlich.
VERWENDUNG Gruppenpflanze der hinteren und seitlichen Aquarienbereiche.
VERMEHRUNG Durch Ausläuferbildung.

Grasartiger Wasserkelch

Cryptocoryne crispatula ENGLER
Araceae

ANMERKUNG Nach Jacobsen (1991) eine Art mit 7 Varietäten. Ich möchte hier nur die *var. balansea* (*Cryptocoryne balansea Gagnep.*) als am weitesten verbreitet erwähnen.
VERBREITUNG Hinterindien bis Südchina.
MERKMALE Mittelgroße bis große Aquarienpflanze mit gewellten bis stark bullösen Blättern. Bis 70 cm hoch, deutlich in Spreite (bis 45 cm) und Stiel gegliedert. Sehr farbpolymorphe Sippe.
KULTUR Auch diese Pflanzen sind für die Pflege in mittelhartem Wasser sehr gut geeignet. Ob dies aber für alle Farbvarianten gleichermaßen gilt, sei dahingestellt
VERWENDUNG Nur für höhere und größere Aquarien zu empfehlen. Besser beherrschbar als *C. aponogetifolia.*
VERMEHRUNG Durch intensive Ausläuferbildung.

Hudoros Wasserkelch
Cryptocoryne hudoroi
BOGNER & JACOBSON
Araceae

VERBREITUNG Borneo.
MERKMALE Bis 50 cm hohe Art mit deutlich in Stiel und Spreite gegliedertem Blatt. Stark bullöse Struktur, gewellter Blattrand, mittelgrüne Färbung, teils ins Bräunliche wechselnd. Eine der schönsten Arten, die in den letzten Jahren importiert wurden.
KULTUR Sehr temperaturtolerant (18–28 °C). Weiches bis mittelhartes Wasser und ein pH-Wert um 7. Bei heller Beleuchtung entstehen gedrungene, prächtige Pflanzen. Die Art gedeiht aber auch bei mäßigem Licht. Der Bodengrund sollte nährstoffreich sein.
VERWENDUNG Gut geeignet für den Aquarienmittelgrund und zur Seitenbepflanzung.
VERMEHRUNG Durch Ausläuferbildung.

Kees Wasserkelch
Cryptocoryne keei JACOBSON
Araceae

VERBREITUNG Borneo.
MERKMALE Schöne, klein bleibende Art, die im Aquarium nur etwa 20 cm hoch wird. Die stark bullösen, etwa 25 cm langen Blätter besitzen Spreiten von höchstens 12,5 x 4 cm Größe. Die Färbung erinnert an gehämmertes Kupfer, wobei die erhabenen Teile des Blattes eine patinagrüne Färbung annehmen. Der Blattrand ist fein gewellt.
KULTUR Sehr temperaturtolerant (18–28 °C). Weiches bis mittelhartes Wasser und ein pH-Wert um 7. Helle Beleuchtung ist wichtiger als bei der vorgenannten Art. Der Bodengrund sollte nährstoffreich sein. Obwohl die Kultur anfangs recht einfach erscheint, habe ich nach über 12 Jahren ununterbrochener Kultur einen Totalverlust der Pflanze ohne erkennbare Ursache hinnehmen müssen.
VERWENDUNG Sehr schöne Kontrastpflanze, für die mittleren und vorderen Aquarienbereiche geeignet.
VERMEHRUNG Durch Ausläuferbildung.

Möhlmanns Wasserkelch

Cryptocoryne moehlmannii DE WIT
Araceae

VERBREITUNG Westsumatra.

MERKMALE Eine nahezu universell einsetzbare Pflanze mit schmal elliptisch bis einförmigen, lang gestielten, maximal 15 cm x 7 cm breiten, hellgrünen, selten bis purpur- olivgrünen Blattspreiten. Leicht mit *C. pontederiifolia* zu verwechseln. Sehr schöne Art.

KULTUR Anspruchslos mit breiter Toleranzamplitude. 18 bis 28 °C, leicht saurer bis leicht basischer pH-Wert, weiches bis mittelhartes Wasser. Günstig ist eine hellere Beleuchtung, da hier die Pflanzen gedrungener bleiben.

VERWENDUNG Nahezu überall im Aquarium verwendbar.

VERMEHRUNG Durch intensive Ausläuferbildung.

Willis Wasserkelch

Cryptocoryne x willisii REITZ
Araceae

VERBREITUNG Sri Lanka.

MERKMALE Bis 15 cm hoch werdende, mit der Zeit dichte Polster bildende Art. Blätter bis 10 cm lang gestielt, schmal eiförmig bis lanzettlich, 12 cm x 1,5 cm (selten breiter) groß, hellgrün.

KULTUR Die Pflanze hat eine große Toleranzamplitude, deshalb sehr unkomplizierte Kultur, allerdings recht langsam wüchsig. Wirklich dichte Polster erreicht man nur mit viel Geduld.

VERWENDUNG Ausgezeichnete Vordergrundpflanze, die auf Grund der Haltbarkeit ihrer Blätter und der Dichte ihrer Bestände einen sehr dekorativen Vordergrund bildet.

VERMEHRUNG Durch Ausläuferbildung.

Wendts Wasserkelch

Cryptocoryne wendtii DE WIT
Araceae

VERBREITUNG Sri Lanka.
MERKMALE Bis höchstens 30 cm hoch werdende Art mit schmal lanzettlich bis schmal eiförmigen Blattspreiten zwischen 5 cm und 25 cm Länge und 1 cm bis 4,5 cm Breite. Auch Wellung und Farbe sind sehr variabel.
KULTUR Eine der hinsichtlich aller Pflegeparameter am leichtesten zu kultivierenden Arten mit breiter Anpassungsamplitude. Für fast jedes Aquarium geeignet.
VERWENDUNG Je nach Wuchsform für alle Bereiche des Aquariums verwendbar.
VERMEHRUNG Durch intensive Ausläuferbildung.
ANMERKUNG Sehr polymorphe Art, die in unterschiedlichen Farb- und Formenvarianten vorkommt. Durch die von ausgesuchten Einzelpflanzen erzeugten Klone gibt es zur Zeit eine sehr breite Formenpalette der Art.

Amerikanischer Bachburgel, Wasserhecke

Didiplis diandra
(DE CANDOLLE) WOOD
Lythraceae

VERBREITUNG Östliches Nordamerika.
MERKMALE Stängelpflanze. Die Blätter sind bis 12 mm lang, bis maximal 1 mm breit und von nadeliger Struktur. Je nach Aquarienhöhe und Beleuchtung bis 40 cm hoch. Die Blattfarbe reicht je nach Belichtungsintensität von hellgrün über dunkelgrün bis zu orangerot. Durch basale Verzweigung dichte Büsche bildend.
KULTUR 0,6 bis 0,8 W/l, auch HQI- Beleuchtung ist gut geeignet, dadurch wird buschiger Wuchs erzeugt. Starke Beleuchtung hat eine intensiv orangerote Färbung der oberen Sprossteile zur Folge. Das Temperaturoptimum liegt bei ca. 20 bis 26 °C. Kurzzeitig, besonders bei Kohlendioxidzusatz, werden auch höhere Temperaturen vertragen, pH-Wert um 7.
VERWENDUNG In Aquarien bis zu 50 cm Länge gut als Mittel- oder Hintergrundpflanze geeignet. In großen Becken wird die Art gern zur polsterartigen Begrünung des Vordergrundes und der mittleren Beckenpartien verwendet. Kontrastpflanze zu hellgrünen Arten. Das Wasser sollte klar ohne Trübstoffe sein.
VERMEHRUNG Sprossteilung.

Bolivianische Schwertpflanze
Helanthium bolivianus (RUSBY) HOLM-NIELSEN
Alismataceae

VERBREITUNG Weit verbreitet in Südamerika.
MERKMALE Ausläufer bildende, rasig wachsende Rosettenpflanze. Bis 10 cm hoch, bis 7 mm breit, kurz gestielt, lanzettlich.
KULTUR 20–28 °C, ab 0,4 W/l, hinsichtlich Wasserhärte und pH-Wert tolerant. Kommt auch in gewaschenem Kies zurecht.
VERWENDUNG Je nach Aquariengröße für Vorder- oder Mittelgrundrasen.
VERMEHRUNG Durch Abtrennen von Ausläuferpflanzen.

Zwergschwertpflanze
Helanthium x quadricostatus FASSETT
Alismataceae

VERBREITUNG Mittel- und Südamerika.
MERKMALE Wie *Echinodorus bolivianus*. Unter Wasser schwer von dieser vorgenannten Art zu unterscheiden.
KULTUR Wie *Echinodorus bolivianus*.
VERWENDUNG Je nach Aquariengröße für Vorder- oder Mittelgrundrasen. Die Art ist intensiv Ausläufer bildend und bewächst innerhalb kürzester Zeit große Flächen.
VERMEHRUNG Durch Abtrennen von Ausläuferpflanzen.

Grasartige Schwertpflanze
Helanthium tenellus
Alismataceae

VERBREITUNG Weit verbreitet im Verbreitungsgebiet der Gattung.
MERKMALE Kleinste Art der Ausläufer bildenden Echinodorus-Arten. Unterwasserblätter schmal linealisch bis 10 cm lang und 3 mm breit.
KULTUR 18 bis 28 °C, Beleuchtung hell, ab 0,6 W/l, hinsichtlich Wasserhärte und pH-Wert tolerant, wächst sehr gut in härterem Wasser. Mulmempfindlich.
VERWENDUNG Flächiger, rasenartiger Bewuchs im Aquarienvordergrund.
VERMEHRUNG Durch Abtrennen von Ausläuferpflanzen.

Blehers Schwertpflanze
Echinodorus bleheri RATAJ
Alismataceae

VERBREITUNG Nicht bekannt.
MERKMALE Mittelgroße, rosettig wachsende Art mit bis zu 60 cm langen, etwas gebogenen Blattspreiten. Blattstiele deutlich kantig.
KULTUR: Einfach zu haltende Art mit dekorativem Wuchs. 22 bis 28 °C, hinsichtlich Wasserhärte und pH-Wert tolerant, helle Beleuchtung vorteilhaft.
VERWENDUNG Die Art bietet sich als Solitärpflanze für die mittleren und hinteren Aquarienbereiche an, lässt sich aber auch flächig als Hintergrundart verwenden.
VERMEHRUNG Durch Adventivpflanzen am Blütenstand.

Horizontale Schwertpflanze

Echinodorus horizontalis
(NEES & MAURITIUS) MACBRIDE
Alismataceae

VERBREITUNG Weit verbreitet in Südamerika.
MERKMALE Mittelgroße Art mit nahezu horizontal vom Blattstiel abgewinkelten, bis 25 cm langen und 15 cm breiten, herzförmigen Blattspreiten von fester Struktur. Die Pflanze wird nur wenig über 30 cm hoch, lädt aber stark in der Breite aus, hellgrün.
KULTUR Ein mäßig heller Standort ist ausreichend, 24 bis 28 °C, mittelhartes Wasser, pH-Wert um 7. Lehmhaltiger Bodengrund erforderlich.
VERWENDUNG Auffällige Solitärpflanze der mittleren Aquarienbereiche.
VERMEHRUNG Durch Adventivpflanzen am Blütenstand (wenig). Rhizomteilung.
ANMERKUNGEN Eine der wenigen Schatten verträglichen Arten der Gattung. Im Handel selten.

Gewellte Schwertpflanze

Echinodorus martii MICHELI
Alismataceae

VERBREITUNG Osten Brasiliens.
MERKMALE Sehr auffällige, dichtblättrige Rosettenpflanze mit gewellten, 40 cm langen und bis 10 cm breiten Blättern, bis 60 cm hoch. Hellgrün.
KULTUR Sehr heller Stand und 25 bis 28 °C, pH-Wert um 7, lehmhaltiger Bodengrund erforderlich. Sehr empfindlich gegen Nährstoffmangel.
VERWENDUNG Prächtige Solitärpflanze für die mittleren, hinteren und seitlichen Aquarienbereiche. Wegen der leuchtend hellgrünen Farbe gute Kontrastart.
VERMEHRUNG Durch Adventivpflanzen am Blütenstand, starke Seitentriebbildung durch Austrieb von Ruheknospen des Rhizoms.

Schwarze oder Kleinblütige Amazonaspflanze
Echinodorus parviflorus
Alismataceae

VERBREITUNG Nicht genau bekannt.
MERKMALE Mittelgroße, vielblättrige, maximal 40 cm hohe, meist kleiner bleibende Rosettenpflanze. Blätter durch dunkle Nervatur gekennzeichnet. Blütenstandsbildung auch submers.
KULTUR Sehr flexible Art ohne besondere Pflegeansprüche, mäßig helle Beleuchtung, nährstoffreicher Bodengrund.
VERWENDUNG Dekorative Kontrastart im Mittelgrund vor hellgrünen Arten, wie *Hygrophila* oder *Limnophila*.
VERMEHRUNG Durch Adventivpflanzen am Blütenstand. Blütenstände submers im Kurztag.
ANMERKUNGEN Es ist eine weitere, gedrungene Form mit leicht bullösen Blattspreiten als Sorte „Tropica" im Handel. Sie ist möglicherweise auch als *Echinodorus mucronatus* im Handel.

Uruguay-Schwertpflanze
Echinodorus uruguayensis
Alismataceae

VERBREITUNG Mittleres Südamerika.
MERKMALE Sehr variabler Formenkreis, zu dem auch die sog. *Echinodorus horemannii* gehören. In der Natur dauerhaft unter Wasser wachsend mit je nach Form unterschiedlich gefärbten Blattspreiten, auch sehr unterschiedlicher Pflanzengröße.
KULTUR Mittelhartes Wasser und pH-Wert leicht sauer bis leicht basisch, sehr helle Beleuchtung über 0,6 W/l, jedoch kühle Hälterung um 22 °C lassen dekorative Pflanzen entstehen. Nährstoffreicher Bodengrund erforderlich.
VERWENDUNG Die großen Formen sollten in großen Aquarien kultiviert werden. Die neuen, kleinen Formen sind auch für mittlere Aquarien geeignet. Dekorative Solitäre in hohen Aquarien.
VERMEHRUNG Durch Adventivpflanzen am Blütenstand, Bildung von Seitentrieben am langen Rhizom.

Barth's Schwertpflanze

Echinodorus x barthii MÜHLBERG
Alismataceae

VERBREITUNG Nicht bekannt.
MERKMALE Mittelgroße, bis 40 cm hoch werdende, sehr schön rot gefärbte Hybride nicht eindeutig geklärter Herkunft. Die hellgrünen Blattadern heben sich markant aus dem dunklen Blattgewebe hervor. Besonderes Merkmal ist neben der Wellung das Einrollen der Blätter zur Blattunterseite zu.
KULTUR Heller Standort, nährstoffreicher Bodengrund, Wasserhärte, Temperatur und pH-Wert sind von untergeordneter Bedeutung. CO_2-Düngung ergibt besonders kräftige Exemplare.
VERWENDUNG Schöne Kontrastpflanze der mittleren Beckenpartien.
VERMEHRUNG Durch Adventivpflanzen am Blütenstand, Austrieb von Ruheknospen am Rhizom.

Schlüters Schwertpflanze 'Leopard'

Echinodorus schlueteri RATAJ
Alismataceae

VERBREITUNG Nicht bekannt.
MERKMALE Mittelgroße, etwa 25 cm hohe Art, Blätter deutlich in Stiel und Spreite gegliedert. Spreite bis 25 cm lang und bis 12 cm breit, zugespitzt. Deutlich braunrot gefleckt.
KULTUR Die Kultur ist einfach, Wasserhärte, Temperatur und pH-Wert sind von untergeordneter Bedeutung. Lehmhaltiger Bodengrund günstig.
VERWENDUNG Solitärpflanze in kleineren bis mittelgroßen Aquarien. In größeren Aquarien als Gruppe im Mittelgrund sehr dekorativ.
VERMEHRUNG Adventivpflanzen an den reichlich auch unter Wasser entstehenden Blütenständen.
ANMERKUNGEN Möglicherweise ein Mutationsergebnis der Art. Die Aussaaten fallen 100 % sortenecht.

Echinodorus 'Deep Purple'
Alismataceae

VERBREITUNG Kulturhybride.
MERKMALE Relativ große, herrlich purpurrote Sorte. Bis 60 cm große, dichtblättrige Rosette. Blätter relativ kurz gestielt.
KULTUR Wasserhärte, Temperatur und pH-Wert sind von untergeordneter Bedeutung. Kühlere Hälterung bevorzugt. Sehr helle Beleuchtung ab 0,6 W/l bringt die rote Farbe zum Leuchten. Lehmhaltiger Bodengrund mit Eisenanteilen nötig.
VERWENDUNG Sehr schöne Kontrastpflanze der mittleren und hinteren Aquarienbereiche.
VERMEHRUNG Reichliche Blütenstandsbildung mit vielen Adventivpflanzen.

Echinodorus 'Apart'
Alismataceae

VERBREITUNG Kulturhybride.
MERKMALE Mittelgroße, in die Breite wachsende Hybride aus *Echinodorus uruguayensis* (*E. horemannii* 'Rot') und *Echinodorus portoalegrensis*. Die Blätter sind ledrig dunkelolivgrün bis flaschengrün, etwa 6 cm gestielt, schmal elliptisch.
KULTUR Sehr temperaturtolerant, optimal jedoch um 22 °C, Beleuchtung ab 0,5 W/l. Lehmzusatz fördert den Wuchs, Wasserhärte und pH-Wert sind von untergeordneter Bedeutung.
VERWENDUNG Prächtige Kontrastpflanze für den Aquarienmittelgrund.
VERMEHRUNG Vorrangig Austrieb von Ruheknospen am Rhizom.

Echinodorus 'Regine Hildebrandt'
Alismataceae

VERBREITUNG Kulturhybride.
MERKMALE Die Sorte ist eine Kreuzung aus *Echinodorus* 'Ozelot' sowie einer Hybride aus *E. parviflorus*, *E. barthii* und *E. uruguayensis* (*horemannii* 'Rot'). Kleine bis mittelgroße, etwa 20–25 cm hohe Sorte mit deutlich in Stiel und Spreite geteilten, leicht seitlich abgewinkelten, etwa 21 cm x 4,5 cm großen Blättern. Bei intensiver Beleuchtung ist die gesamte Pflanze herrlich gefärbt. Die Frischaustriebe sind tief samtig rot, vergrünen aber mit der Zeit. Die Blattnerven bleiben rot.
KULTUR Etwas schwächer wachsende Sorte, die etwas mehr Beachtung, vor allem eine starke Beleuchtung benötigt. Der Bodengrund muss ausreichend Nährstoffe, am günstigsten Lehm enthalten. Wasserhärte und pH-Wert von untergeordneter Bedeutung, 22 bis 26 °C.
VERWENDUNG Attraktive Kontrastpflanze der vorderen Aquarienbereiche.
VERMEHRUNG Adventivpflanzen am Blütenstand.

Echinodorus 'Tanzende Feuerfeder'
Alismataceae

VERBREITUNG Kulturhybride.
MERKMALE Die Sorte ist eine Kreuzung von *E.* 'Red Flame' x (*E. barthii* x *E. parviflorus*). Die bis 15 cm lang gestielten, schmal elliptischen Blattspreiten erreichen 20 cm x 5 cm Größe. Herzblätter rötlich gefärbt mit ungewöhnlicher, feiner, an eine Feder erinnernder Zeichnung, später vergrünend.
KULTUR Recht stark wachsende Sorte, die eine helle Beleuchtung benötigt. Der Bodengrund muss ausreichend Nährstoffe, am günstigsten Lehm enthalten. Wasserhärte und pH-Wert von untergeordneter Bedeutung, 22 bis 26 °C.
VERWENDUNG Solitärpflanze für mittelgroße Aquarien.
VERMEHRUNG Adventivpflanzen am Blütenstand.

Echinodorus 'Reni'
Alismataceae

MERKMALE Die Sorte stammt aus der Kreuzung von *Echinodorus* 'Großer Bär' x 'Ozelot'. Mittelgroß werdende Hybride mit tief weinrot leuchtendem Herzblatt. Junge Blätter weinrot, später über ein schwärzliches Purpur in flaschengrün mit teilweise bräunlichem Anflug übergehend. Sehr attraktiv! Die Blätter besitzen keine Fleckung und sind schwach transparent, 25 x 10 cm groß, an den Rändern leicht gewellt, breit elliptisch mit stumpfer Spitze. Blattstiel bis 10 cm lang.
KULTUR Recht stark wachsende, etwa 35 cm hoch werdende Sorte, die eine helle Beleuchtung benötigt. Der Bodengrund muss ausreichend Nährstoffe, am günstigsten Lehm enthalten. Wasserhärte und pH-Wert von untergeordneter Bedeutung, 18 bis 26 °C.
VERWENDUNG Solitärpflanze der mittleren Beckenpartien.
VERMEHRUNG Aus Rhizomteilung, kaum Adventivpflanzen am Blütenstand.

Echinodorus 'Frans Stoffels'
Alismataceae

VERBREITUNG Kulturhybride.
MERKMALE Die Sorte ist eine Kreuzung von (*Echinodorus barthii* x *Echinodorus parviflorus*) x *Echinodorus* 'Ozelot'. Mittelgroße Aquarienpflanze mit 19 cm x 6,5 cm großen, unregelmäßig geflammten Blattspreiten mit gewellten Blatträndern. Herzblätter kräftig rot gezeichnet, zunehmend vergrünend.
KULTUR Mittelstark wachsende Sorte, die eine starke Beleuchtung benötigt. Der Bodengrund muss ausreichend Nährstoffe, am günstigsten Lehm enthalten. Wasserhärte und pH-Wert von untergeordneter Bedeutung, 22 bis 26 °C.
VERWENDUNG Prächtige Pflanze für den Aquarienmittelgrund.
VERMEHRUNG Adventivpflanzen am unverzweigten, etwa 100 cm langen, aus bis zu 5 Quirlen aufgebauten Blütenstand.

Echinodorus 'Red Devil'
Alismataceae

VERBREITUNG Kulturhybride.
MERKMALE Kreuzung aus *Echinodorus uruguayensis* x *Echinodorus* 'Red Flame'.
Schmal lanzettliche, etwa 20 cm lange Spreiten, die bis 5 cm breit werden. Der leicht gewellte Blattrand ist etwas nach rückwärts gebogen (vergleiche *E. x barthii*). Herzblätter tiefrot gefärbt, später vergrünend, Blattränder mehr oder minder rot gesäumt. Sehr farbige Sorte. Blattstiel unter 10 cm Länge.
KULTUR Stark wachsende Sorte, die eine starke Beleuchtung benötigt. Der Bodengrund muss ausreichend Nährstoffe, am günstigsten Lehm enthalten. Wasserhärte und pH-Wert von untergeordneter Bedeutung, 22 bis 26 °C.
VERWENDUNG Sehr attraktive Sorte für einen solitären Platz im Aquarium. Gute Kontrastpflanze zu dunkler grünen Pflanzen.
VERMEHRUNG Adventivpflanzen am Blütenstand.

Echinodorus 'Sankt Elmsfeuer'
Alismataceae

MERKMALE Die Sorte stammt aus der Kreuzung von *Echinodorus* 'Großer Bär' x *Echinodorus* 'Ozelot'. Groß werdende Hybride mit tief weinrot leuchtendem Herzblatt. Junge Blätter weinrot, sehr viel später über ein purpurrot in flaschengrün mit teilweise schwärzlichen Anflug übergehend. Bei heller Beleuchtung bleibt die gesamte Pflanze lange Zeit burgunderrot. Sehr attraktiv! Die Blätter werden etwa 6 x 23 cm groß, besitzen eine deutlich erkennbare Fleckung und sind transparent. Blattstiel bis 15 cm lang.
KULTUR Recht stark wachsende, etwa 45 cm hoch werdende Sorte, die eine helle Beleuchtung benötigt. Der Bodengrund muss ausreichend Nährstoffe, am günstigsten Lehm enthalten. Wasserhärte und pH-Wert von untergeordneter Bedeutung, 18 bis 26 °C.
VERWENDUNG Solitärpflanze der hinteren Beckenpartien.
VERMEHRUNG Aus Rhizomteilung und reichlich Adventivpflanzen am Blütenstand.

Echinodorus 'Paul Kloecker'
Alismataceae

VERBREITUNG Kulturhybride.
MERKMALE Die Sorte ist eine Hybride aus *E.* 'Red Flame' x *E.* 'Kleiner Bär'. Kompakte, gleichmäßig weinrot bis rotbraun gefärbte, etwa 30 cm hohe Pflanze mit schmal elliptischen relativ kurz gestielten Blättern.
KULTUR Sehr helle Beleuchtung, 22 bis 28 °C, kräftiger, lehmhaltiger Bodengrund, Wasserhärte und pH-Wert von untergeordneter Bedeutung.
VERWENDUNG In mittleren Aquarien herrliche Kontrastpflanze vor hellgrünen Pflanzengruppen, wie *Limnophila aquatica*, oder *Lobelia cardinalis*.
VERMEHRUNG Adventivpflanzen am Blütenstand.

Echinodorus 'Roter Oktober'
Alismataceae

VERBREITUNG Kulturhybride.
MERKMALE Kreuzung aus *Echinodorus* 'Harbich Rot' x 'Indian Red'. Verkehrt lanzettliche bis schmal verkehrt eiförmige, etwa 12 cm lange Spreiten, die 6 bis 8 cm breit werden. Blattstiel 6 bis 7 cm lang. Die Nervatur tritt heller gefärbt deutlich hervor. Die insgesamt leuchtend rote Farbe der Pflanze wechselt bei älteren Blättern über rotbraun und braun zu dunkelgrün.
KULTUR Normal wachsende Sorte, die eine starke Beleuchtung benötigt. Der Bodengrund muss ausreichend Nährstoffe, am günstigsten Lehm enthalten. Eisendüngung vorteilhaft. Wasserhärte und pH-Wert von untergeordneter Bedeutung, 22 bis 27 °C.
VERWENDUNG Sehr attraktive Sorte für den Aquarienvordergrund und die mittleren Bereiche. Gute Kontrastpflanze zu hellgrünen Pflanzen.
VERMEHRUNG Adventivpflanzen am Blütenstand.

Echinodorus 'Devil's Eye'
Alismataceae

VERBREITUNG Kulturhybride.
MERKMALE Auslese aus einer Kreuzung aus *Echinodorus* 'Kleiner Bär' x 'Kleiner Bär'. Bis 23 cm lange Spreiten, die bis 7 cm breit werden. Blattstiel bis 18 cm lang. Spreite dunkelgrün, Blattrand mit rötlichem Saum, Hauptnerv und erstes Seitennervenpaar rot. Quervernetzungen rötlich.
KULTUR Stark wachsende Sorte, starke Beleuchtung nötit. Der Bodengrund muss ausreichend Nährstoffe, ambesten Lehm enthalten. Wasserhärte und pH-Wert von untergeordneter Bedeutung, 22 bis 26 °C.
VERWENDUNG Nur für die Rückwandbepflanzung von Aquarien zu empfehlen. In großen Aquarien als Solitärpflanze verwendbar.
VERMEHRUNG Adventivpflanzen am Blütenstand.

Azurblaue oder Dünnstielige Eichhornie
Eichhornia azurea
(SCHWARTZ) KUNTH
Pontederiaceae

VERBREITUNG Tropik und Subtropik Amerikas.
MERKMALE Im Boden wurzelnde, aufrecht wachsende, später flutende Stängelpflanze. Die Blätter sind zweizeilig, wechselständig, unter Wasser zuerst bandförmig, bis 25 cm lang, später löffelartig verbreitert. Im Aquarium selten blühend. Lichtbedürftig.
KULTUR Mittelhartes Wasser bis 20° KH tolerierend, hier für Kohlendioxidzusatz dankbar, pH-Wert schwach sauer bis schwach alkalisch, 15 bis 30 °C, auch abweichende Extremwerte ertragend, hinreichend Lehmanteil im Bodengrund förderlich, 0,6–0,8 W/l. Rechtzeitiges Einkürzen erspart viel Folgearbeit. Beginnen sich erst die löffelförmigen Überwasserblätter zu bilden, ist eine Verjüngung nur noch über den verbleibenden Stängelrest möglich. Der Gipfelspross bringt in der Regel keine bandförmigen Unterwasserblätter mehr.
VERWENDUNG Für solitären Standort geeignet. Bei richtiger Behandlung sehr dekorative, pflegeleichte Art.
VERMEHRUNG Sprossteilung.

Verschiedenblättrige Eichhornie
Eichhornia diversifolia (VAHL) URBAN
Pontederiaceae

VERBREITUNG Mittel- und Südamerika.
MERKMALE Im Boden wurzelnde Stängelpflanze, Blätter zweizeilig, bis 9 cm lang und 2 bis 5 cm breit. Hell- bis mittelgrün. Die unteren Blätter schwärzen relativ deutlich, sodass Vorpflanzung niedriger Arten anzuraten ist.
KULTUR Wie *Eichhornia azurea*, heller Stand und wenigstens 12 Stunden Belichtungszeit, um 24 °C, mittelhartes Wasser, neutraler bis leicht saurer pH-Wert. Lehmhaltiger Bodengrund ist zu empfehlen.
VERWENDUNG Die Art lässt sich gut in den mittleren Beckenpartien verwenden. Zum Verdecken der unschönen unteren Stängelabschnitte ist das Vorpflanzen mittelgroßer rosettig wachsender Arten anzuraten.
VERMEHRUNG Sprossteilung, die Verzweigung beim Einkürzen ergibt reichlich Jungpflanzen.

Nadelsimse
Eleocharis acicularis
(L.) ROEM. ET SCHULT.
Cyperaceae

VERBREITUNG Gemäßigte und teilweise mediterrane Zonen fast der gesamten Erde.
MERKMALE Eine Rosettenpflanze mit Ausläufern. Sie wird am natürlichem Standort 10 bis 20 cm hoch. Im Aquarium ist eine Höhe von 30 cm keine Seltenheit. Die Blätter sind fadenförmig mit einem 3- bis 4-kantigen Querschnitt.
KULTUR pH 6,5 bis 9, temperaturverträglich bis 30 °C, Kohlendioxiddüngung wirkt sich positiv aus. Eisendüngung fördert Wuchs und Gesundheit. Helle Beleuchtung von mindestens 0,6 W/l. HQI- Beleuchtung wirkt sich günstig auf gedrungenen Wuchs aus.
VERWENDUNG In kleinen Aquarien gut als Mittelgrundpflanze geeignet. In großen Becken wird die Art gern zur rasenartigen Begrünung des Vordergrundes und der mittleren Beckenpartien verwendet. Fadenalgen können zum unüberwindlichen Problem werden. Neuerdings wird die Nadelsimse zunehmend beliebter, da sie wichtiges Gestaltungsmoment der zur Zeit modernen sog. Japanischen Naturaquarien nach Amano geworden ist. Mit *Eleocharis pusilla* ist eine weitere, kleine Art in aquaristischer Kultur.
VERMEHRUNG Ausläuferpflanzen.

Sternpflanze
Eusteralis stellata
(LOUREIRO) PANIGRAHI
Lamiaceae

VERBREITUNG Japan, China, Taiwan, Malaysia, Australien.
MERKMALE Stängelpflanze mit bis 50 cm langen Sprossen und sehr schmalen, quirligen Blättern. Durchmesser der Quirle bis 14 cm. Wuchs aufrecht, schwach verzweigt. Färbung der Blätter variiert oberseits zwischen grün und lilarosa, unterseits schwach rötlich.
KULTUR Problematische Art. Helle Beleuchtung > 0,6 W/l oder HQI erforderlich, kräftiger, lehmhaltiger Bodengrund, um 28 °C, bei Kohlendioxidzusatz (30 mg/l) wird auch Wasser mittlerer Karbonathärte toleriert, pH-Wert um den Neutralpunkt.
VERWENDUNG In mittleren und größeren Behältern für den Aquarienmittelgrund geeignet. Sehr ansprechender Farbkontrast vor hellgrünen Pflanzengruppen.
BEMERKUNG Reagiert empfindlich auf Veränderung der Pflegebedingungen reagiert und Nährstoffmangel sofort mit Stagnation beantwortet. Solange Wuchsstoffe aus der Meristemkultur noch wirksam sind, treibt die Pflanze immer wieder basale Neuaustriebe. Bei längerer Pflege werden erfahrungsgemäß dann aber Probleme auftauchen.
VERMEHRUNG Sprossteilung, Meristemkultur.

Australisches Zungenblatt
Glossostigma elatinoides BENTHAM
Scrophulariaceae

VERBREITUNG Neuseeland, Tasmanien, Australien.
MERKMALE Sumpfpflanze, die langfristig Überflutung toleriert. Die zarte Stängelpflanze wächst, an jedem Knoten wurzelnd, horizontal kriechend auf dem Substrat. Die Sprosse verzweigen sich reichlich, wodurch bald eine teppichartige Matte entsteht. Die Blätter sitzen gegenständig, sind lang gestielt, bis 1 cm lang und 0,5 cm breit.
KULTUR Will man den für japanische Naturaquarien typischen flächigen Wuchs erzielen, sollte Beschattung vermieden werden. Beleuchtung > 0,6 W/l. Die Art bevorzugt weiches, leicht saures Wasser, kommt aber auch mit mittelhartem Wasser und CO_2-Düngung zurecht. Temperatur 20 bis 25 °C.
VERWENDUNG In kleineren und mittleren Becken zur Vordergrundbepflanzung oder Flächenbegrünung. In Japanischen Naturaquarien alleiniger Bodendecker.
VERMEHRUNG Sprossteilung.

Falscher Wasserfreund
Gymnocoronis spilanthopides
(HOOKER & ARNOTT) DE CANDOLLE
Asteraceae

VERBREITUNG Westliches und südwestliches Südamerika.
MERKMALE Im Sumpf wachsende Stängelpflanze, die überflutungstolerant ist. Blätter unter Wasser kurz gestielt, bis 12 cm lang und 4 cm breit. Blüte über Wasser, Blütenstand ohne Zungenblüten. Auffällig sind die weißen etwa 1 cm langen Griffel.
KULTUR Anspruchslos hinsichtlich aller Pflegeparameter. Helles Licht verlangsamt den Wuchs etwas.
VERWENDUNG Wegen seiner immensen Wuchsleistung arbeitsintensiv und deshalb nur noch selten gepflegt. Gruppenpflanze der mittleren Aquarienbereiche.
VERMEHRUNG Sprossteilung.

Amerikanisches Perlkraut
Hemianthus micranthemoides
NUTALL
Scrophulariaceae

VERBREITUNG Ostküste Nordamerikas.
MERKMALE *Hemianthus micranthemoides* ist eine Stängelpflanze. Die Beblätterung ist gegenständig bis quirlig. Die Blätter sind bis 9 mm lang und bis maximal 2 mm breit und von hellgrüner Farbe. Die Art wächst sowohl über, als auch unter Wasser. Submers wächst das Perlkraut gestreckt aufrecht. Starke Beleuchtung hat eine gute Verzweigung zur Folge, wodurch die Pflanzengruppe basal durch am Boden kriechende Sprosse auch in die Breite wächst.
KULTUR 0,6 bis 0,8 W/, für HQI-Beleuchtung gut geeignet, wodurch buschiger Wuchs erzeugt wird, 20 bis 28 °C, kurzzeitig werden auch höhere Temperaturen vertragen. Wasser leicht sauer bis schwach alkalisch, Wasserhärte ohne wesentliche Bedeutung. Kohlendioxid-Zudüngung wirkt sich positiv auf das Wuchsverhalten aus.
VERWENDUNG In kleinen Aquarien gut als Mittel- oder Hintergrundpflanze geeignet. In großen Becken wird die Art gern zur polsterartigen Begrünung des Vordergrundes und der mittleren Beckenpartien verwendet. Das Wasser sollte klar und ohne Trübstoffe sein.
VERMEHRUNG Erfolgt durch Sprossteilung, Meristemkultur.

Seegrasblättriges Trugkölbchen

Heteranthera zosterifolia MARTIUS
Pontederiaceae

VERBREITUNG Südamerika.
MERKMALE Submerse Stängelpflanze mit aufstrebender, flexibler Sprossachse, submerse Blätter wechselständig, bis 5 cm lang und max. 0,7 cm breit. Schwimmblätter im Aquarium selten. Die leuchtend blauen Blüten mit gelben Antheren werden auch bei Aquarienhaltung über den Wasserspiegel erhoben.
KULTUR Wärmeres Wasser wird bevorzugt. Mittelhartes Wasser und leicht saurer bis leicht basischer pH-Wert werden toleriert. Ein heller Standort wird mit dichtem Wuchs belohnt.
VERWENDUNG Sehr dekorative, schnellwüchsige Art, die gut für die Hintergrundgestaltung geeignet ist. Lichthungrig und empfindlich gegen Wassertrübungen. Bei reichlich Licht bleibt die Art länger am Boden und verzweigt sich intensiv.
VERMEHRUNG Sprossteilung.

Wasserfeder

Hottonia palustris L.
Primulaceae

VERBREITUNG Europa, Nordasien.
MERKMALE Ausdauernde Stängelpflanze, meist submers, aufstrebender Spross bis ein Meter lang, mit wechselständigen, einfach gefiederten, bis 6 cm langen und bis 3 cm breiten Blättern. Etagenprimelähnliche Blütenstände über Wasser und nur bei Freilandkultur.
KULTUR Mittelhartes Wasser, pH-Wert neutral bis leicht basisch sowie helle Beleuchtung sind dem Wuchs förderlich, 15–25 °C.
VERWENDUNG Die Wasserfeder ist eine der heimischen Pflanzen, die problemlos im tropischen Süßwasseraquarium zu kultivieren sind. Besonders wirkt die Art in polsterartigen Gruppen im Aquarienvorder- und -mittelgrund. Gute Kontrastpflanze zu dunklen, großblättrigen und farbigen Arten.
VERMEHRUNG Sprossteilung.

Quirliger Wassernabel

Hydrocotyle verticillata THUNBERG
Apiaceae

VERBREITUNG Tropik und Subtropik Nord- und Südmerikas.
MERKMALE *Hydrocotyle vulgaris* nahe stehend. Kriechend wachsende Stängelpflanze, an den Knoten wurzelnd, Blätter wechselständig, bis 10 cm lang gestielt, schildförmig, in der Mitte nabelartig vertieft („Wassernabel"). Blüten nur über Wasser, unscheinbar in übereinander stehenden, wenigblütigen Quirlen. Emers werden dichtblättrige Matten gebildet.
KULTUR Anspruchslos hinsichtlich Wasserhärte und pH-Wert, um 25 °C, heller Stand bringt kurz gestielte Blätter.
VERWENDUNG Ausgesprochen attraktive Vordergrundpflanze.
VERMEHRUNG Sprossteilung.

Indischer Wasserwedel

Hygrophila difformis (LINNE FIL.) BLUME
Acanthaceae

VERBREITUNG Indien, Thailand, Birma, Malaiische Halbinsel.
MERKMALE Stängelpflanze mit aufrechten oder niederliegenden Sprossen und kreuzgegenständigen, unter Wasser ungeteilten bis mehrfach gefiederten, bis zu 15 cm großen Blättern.
KULTUR Anspruchslose Pflanze bei aquaristisch üblichen Wasserwerten, für CO_2-Düngung dankbar. Kräftiger Bodengrund und helle Beleuchtung lässt sehr dekorative Pflanzen entstehen.
VERWENDUNG Kontrastpflanze des Aquarienmittelgrundes und der hinteren Beckenpartien. Eine der schönsten Aquarienpflanzen überhaupt. Es gibt eine weißbunte Form, deren dekorativer Wert Geschmackssache ist.
VERMEHRUNG Sprossteilung.

Indischer Wasserfreund
Hygrophila polysperma
(ROXBURGH) T. ANDERSON
Acanthaceae

VERBREITUNG Indien.
MERKMALE Stängelpflanze mit aufrechten oder niederliegenden Sprossen und kreuzgegenständigen, elliptischen, bis 7 cm langen und höchsten 1,5 cm breiten Blättern. Es gibt neben der Art mehrere Farbformen ('Braun', 'Rosanervig').
KULTUR Einfach zu haltende Aquarienpflanze ohne besondere Pflegeansprüche. Besonders schöne Exemplare erzielt man mit lehmhaltigem Bodengrund, heller Beleuchtung und CO_2-Zusatz.
VERWENDUNG Wegen ihrer Flexibilität in allen Bereichen des Aquariums verwendbar. Gruppenpflanzung empfehlenswert.
VERMEHRUNG Sprossteilung.

Brasilianisches Wasserhaar
Hydrothrix gardneri HOOKER FIL.
Pontederiaceae

VERBREITUNG Ostbrasilien.
MERKMALE Zarte, krautige, im Boden wachsende oder schwimmende Stängelpflanze mit unscheinbar quirliger (Kurztriebe) Beblätterung. Blätter fadenförmig, bis 3 cm lang. Blüht unter Gewächshausbedingungen zuverlässig. Vermehrung durch Aussaat.
KULTUR Weiches bis höchstens mittelhartes Wasser, pH leicht sauer, Kohlendioxiddüngung ratsam, > 0,6 W/l. Es sollte ein freier Stand angeboten werden, da die Art konkurrenzschwach ist.
VERWENDUNG In den vorderen oder mittleren Beckenpartien schwimmend oder eingepflanzt. Wegen der problematischen Kultur wird die Pflanze immer eine aquaristische Rarität und damit dem Spezialisten vorbehalten bleiben. Bei der Kultur wäre aber zu beachten, dass es mehrere anuelle Arten gibt (u.a. *Rotala macrandra*), die durch regelmäßige Verjüngung langfristig in ihrer vegetativen Phase gehalten werden.
VERMEHRUNG Sprossteilung, Aussaat.

Verschleiertes Brachsenkraut

Isoetes velata A.BRAUN VAR.
sicula GENNARI
Isoetaceae

VERBREITUNG Sizilien und Sardinien.
MERKMALE Ein vielblättriger, bis zu 30 cm hoher Pflanzenbusch mit pfriemligen, dunkelgrünen Blättern. Rosettenpflanze mit knolligem Rhizom.
KULTUR Kultur unproblematisch. Lichtbedarf mäßig, Wasserhärte und pH-Wert im üblichen aquaristischen Rahmen unerheblich. 22–26 °C.
VERWENDUNG Die Pflanze ist wegen ihrer unproblematischen Kultur vielseitig verwendbar. Vor hellgrünen Pflanzungen oder Moorkienholz ist sie wegen ihrer ungewöhnlichen Erscheinung sehr dekorativ.
VERMEHRUNG Aussaat der vermischten Makro- und Mikrosporen auf feuchtem Substrat. Nach Auflaufen langsames Absenken unter den Wasserspiegel. Später pikieren. Möglichst ungestört mit leichten Mulmansammlungen im Basisbereich, dann Selbstaussaat möglich.

Großer Sumpffreund

Limnophila aquatica
(ROXB.) ALSTON
Scrophulariaceae

VERBREITUNG Vorderindien, Ceylon, Sulawesi.
MERKMALE *Limnophila aquatica* ist die größte Limnophila-Art der Aquarienkultur. Die Stängelpflanze wird bis 70 cm hoch, wobei die bis 10-zähligen, schmalzipfligen Blattquirle bis 15 cm Durchmesser erreichen können. Basale Ausläufer an eingewachsenen Kulturen häufig. Im Kurztag blüht die Art über Wasser.
KULTUR 24 bis 28 °C, Wasserhärte ohne wesentliche Bedeutung. Wasser schwach sauer bis schwach alkalisch. Bei höheren Temperaturen wirkt sich Kohlendioxiddüngung positiv aus. Eisenmangel kann zu Chlorosen führen. Sehr helle Beleuchtung, auch HQI-Lampen. Bodengrund mit recht hohem Lehmanteil wirkt sich positiv auf die Nährstoffversorgung der Pflanzen aus.
VERWENDUNG Geeignet für größere Aquarien ab einer Kantenlänge von 120 cm und mindestens 45 cm Höhe. Herrliche Kontrastpflanze zu farbigen und großblättrigen Arten. Sollte in keinem größeren Aquarium fehlen.
VERMEHRUNG Sprossteilung.

Indischer Sumpffreund

Limnophila indica (L.) DRUCE
Scrophulariaceae

VERBREITUNG Tropisches Asien, Afrika, Australien. Adventiv im trop. Amerika.
MERKMALE Stängelpflanze, bis 80 cm lang. Blätter quirlig fein gefiedert bis 4 cm lang. Bei Starklicht rötliche Färbung der gesamten Pflanze. Emerser Wuchs möglich.
KULTUR Weit verbreitete Aquarienpflanze ohne besondere Ansprüche an die Wasserbeschaffenheit, pH-Wert leicht sauer bis leicht alkalisch, um 24 °C, Beleuchtung ab 0,6 W/l. Nahrhafter Bodengrund fördert die Pflanzengesundheit.
VERWENDUNG Verwendung wie *Limnophila aquatica*, aber auch für kleinere Aquarien geeignet.
VERMEHRUNG Sprossteilung.

Blütenstielloser Sumpffreund

Limnophila sessiliflora BLUME
Scrophulariaceae

VERBREITUNG Indien bis Japan.
MERKMALE Stängelpflanze mit über 70 cm Länge. Beblätterung quirlig. Fiedrige Blattsegmente bis 3 cm lang. Die Art ist die am längsten kultivierte Limnophila. Die häufig erwähnte Giftigkeit der Pflanze ist nicht nachgewiesen.
KULTUR Am längsten bekannte Limnophila-Art. Pflege wie bei *Limnophila indica*.
VERWENDUNG Wie *Limnophila indica*. Schnellwüchsige Pflanze, die bald unter der Wasseroberfläche dichte Polster bildet. Dies scheint für die Jungfischaufzucht positiv, beschattet aber das Aquarium stark. Des Starkwuchses wegen arbeitsaufwändig.
VERMEHRUNG Sprossteilung.

Scharlachrote Lobelie
Lobelia cardinalis L.
Lobeliaceae

VERBREITUNG Mittleres, östliches Nordamerika.
MERKMALE Aufrechte Stängelpflanze, die gut an die Unterwasserkultur angepasst ist. Der fleischige Stängel wird bis 3 cm dick. Blätter wechselständig, unter Wasser rundlich, gekerbt, hellgrün, über Wasser bis 18 cm lang, 4 cm breit, olivgrün bis weinrot. Blüten sehr auffallend scharlachrot.
KULTUR Problemlos zu haltende Aquarienpflanze, 20–26 °C, pH-Wert 7, helle Beleuchtung und lehmhaltiger Bodengrund ergibt kräftige, gedrungene Pflanzen.
VERWENDUNG Zur Mittelgrundgestaltung sowie zum Aufbau so genannter Pflanzengassen gut geeignet. Die hellgrüne Art bringt einen guten Kontrast zu dunklen und farbigen Aquarienpflanzen. Ebenso verwendbar wie *Saururus cernuus*.
VERMEHRUNG Sprossteilung. Blattlose Stängel an der Wasseroberfläche treibend, bringen aus dem Meristem der Blattachseln eine Unzahl von Jungpflanzen.

Bogenförmige Ludwigie
Ludwigia arcuata WALTER
Onagraceae

VERBREITUNG Östliche USA.
MERKMALE Stängelpflanze mit submers aufrechtem Wuchs, schmalblättrige, kreuzgegenständige Beblätterung bis 1,8 cm lang und um 4 mm breit. Unter Wasser extrem schmalblättrig mit schöner Rotfärbung bei starker Beleuchtung .
KULTUR Weiches bis mittelhartes Wasser, ab 0,6 W/l, pH-Wert um 7, feiner, lehmhaltiger Bodengrund, 22 bis 26 °C, CO_2-Düngung förderlich.
VERWENDUNG In größeren Gruppen sehr schöne Kontrastpflanze der mittleren Aquarienbereiche. Besonders vor hellgrünen Arten wie *Nuphar japonica*, *Nymphaea lotos* „Grün„, aber auch *Limnophila aquatica*.
VERMEHRUNG Sprossteilung.
ANMERKUNG Unter dem Namen *Ludwigia arcuata* wird sehr oft *Ludwigia brevipes* angeboten.

Sumpfheussenkraut
Ludwigia repens (L.) ELLIOTT
Onagraceae

VERBREITUNG USA, Mexiko.
MERKMALE Stängelpflanze mit aufrechtem Wuchs und kreuzgegenständiger Beblätterung. Unter Wasser bis 2,5 cm lang und 1,5 cm breit. Es sind mehrere Formen in Kultur. Färbung je nach Form rein hellgrün bis oberseits dunkel oliv, unterseits weinrot.
KULTUR Einfache Kultur ohne besondere Ansprüche an das Aquarienwasser. Helles Licht verstärkt die Farben und verkürzt die Internodien.
VERWENDUNG Gruppenpflanze der mittleren und hinteren Aquarienbereiche.
VERMEHRUNG Sprossteilung.

Schmalblättrige Bastardludwigie
Ludwigia repens x arcuata
Onagraceae

VERBREITUNG Kulturhybride.
MERKMALE Sumpfpflanze mit kriechenden, niederliegenden oder aufrechten Stängeln mit kreuzgegenständiger Belaubung. Unter Wasser bis 5 cm lang und 1,5 cm breit. Starkes Licht erzeugt dunkelrote Pflanzen. Eine der schönsten Ludwigien.
KULTUR wie *Ludwigia repens.*
VERWENDUNG Gruppenpflanze der mittleren und hinteren Aquarienbereiche, Kontrastpflanze.
VERMEHRUNG Sprossteilung.
ANMERKUNG Die beiden Bastardludwigien *Ludwigia repens x arcuata* und *Ludwigia repens x palustris* sind die wüchsichsten Aquarien-Ludwigien.

Pfennigweiderich
Lysimachia nummularia L.
Primulaceae

VERBREITUNG Ursprünglich Mitteleuropa. Fast überall in den gemäßigten Zonen ausgewildert.
MERKMALE Emers kriechend wachsende Sumpfpflanze, deren Sprosse in den Wasserraum hineinwachsen können. Unter Wasser aufrechter Wuchs mit gegenständigen, kurz gestielten Blättern. Die Sprosse wachsen unter Wasser aufrecht bis maximal 40 cm Höhe und verzweigen spärlich. Es gibt eine grüne und eine gelbliche Farbvariante der Art. An natürlichen Fundorten kommt nur die grüne Form vor. Die Pflanze blüht von Mai bis August mit gelben, blattachselständigen Einzelblüten.
KULTUR Als euryöke Art stellt der Pfennigweiderich wenige Ansprüche an die Pflege. Temperaturen zwischen 15 und 30 °C, 20 °C sind optimal, pH-Wert und Wasserhärte sind im aquarienüblichen Rahmen vernachlässigbar. Helle Beleuchtung bringt gedrungene, dichte, hellgrüne Pflanzenpolster.
VERWENDUNG Wie viele Sumpfpflanzen, wächst die Art im Aquarium unter Wasser zufriedenstellend. Als hellgrüne Kontrastart im Aquarienvordergrund und in den mittleren Bereichen vor farbigen oder feinblättrigen Arten sehr dekorativ. Die Art ist pflegeleicht.
VERMEHRUNG Sprossteilung.

Flutendes Mooskraut
Mayaca fluviatilis AUBLET
Mayacaceae

VERBREITUNG Südöstliches Nordamerika, Große Antillen, tropisches Südamerika.
MERKMALE Stängelpflanze, wächst verzweigt, aufrecht flutend. Die hellgrünen Blätter sind schmal linealisch und dicht wechselständig bis 15 mm lang und 1 mm breit.
KULTUR Die Beleuchtung sollte täglich 12 Std. nicht unterschreiten und mindestens 0,8 W/l betragen, leicht saures, weiches Wasser. Auch bei Wasserhärten bis 20° Gesamthärte, die ausschließlich der temporären Härte entsprechen kann, zu pflegen, benötigt dann aber Kohlendioxid-Zusatz bis ca. 30 mg/l frei verfügbarer Kohlensäure. Zu empfehlen wäre dann eine pH-Wert gesteuerte, automatische Zufuhr. Temperatur zwischen 22 und 28 °C.
VERWENDUNG In kleineren Becken verursacht *Mayaca fluviatilis* wegen seiner Schnellwüchsigkeit viel Pflegeaufwand. Größere Becken mit Wasserständen bis 50 cm erfahren durch das Flutende Mooskraut eine Bereicherung. Der Pflegeaufwand beschränkt sich auf gelegentliches Einkürzen und neu pflanzen.
VERMEHRUNG Sprossteilung.

Rundblättriges Perlkraut

Micranthemum umbrosum
(WALTER) BLAKE
Scrophulariaceae

VERBREITUNG Weite Teile der USA.
MERKMALE Kleine Stängelpflanze mit kriechendem, an den Knoten wurzelndem, sich häufig verzweigendem, bis 20 cm langem Spross. Blätter gegenständig, rund, bis 7 mm im Durchmesser.
KULTUR 0,6 bis 0,8 W/l, auch HQI-Beleuchtung erzeugt buschigen Wuchs, 20 bis 25 °C, kurzzeitig darüber, pH-Wert um 7, Wasserhärte ohne wesentliche Bedeutung. Kohlendioxid- Zudüngung wirkt sich positiv auf das Wuchsverhalten aus.
VERWENDUNG Die Art ist ähnlich wie *Hemianthus micranthemoides* als Polster im Vordergrund und in den mittleren Aquarienteilen geeignet. Sehr schöne Art.
VERMEHRUNG Sprossteilung.

Schwarzwurzelfarn

Microsorum pteropus
(BLUME) CHING
Polypodiaceae

VERBREITUNG Tropisches Asien.
MERKMALE Sehr vielgestaltiger Farn mit kriechendem, schuppigem Rhizom dichte Büsche bildend. Blattstiel kurz, teilweise geflügelt, Spreite gelappt oder einfach.
KULTUR Problemlos in fast jedem Aquarienwasser wachsend. Wird gern zum Bepflanzen von Buntbarschaquarien verwendet. Lichtansprüche eher niedrig.
VERWENDUNG Zum Bewachsen von Steinen, vor allem Lavabrocken oder Moorkienholz, aber auch Schaumpolystyrolrückwänden hervorragend geeignet.
VERMEHRUNG Erfolg durch Rhizomteilung, Adventivpflanzen.
ANMERKUNG Es sind mehrere, unterschiedlich große Formen und die Sorten 'Tropica' und 'Windelow' im Handel.

Japanische Teichrose

Nuphar japonica DE CANDOLLE
Nymphaeaceae

VERBREITUNG Japan.
MERKMALE Kräftige Rosettenpflanze mit im oder auf dem Substrat kriechenden, dickem Rhizom. Blätter pfeilförmig, hellgrün, durchscheinend. Blattlänge bis 20 cm, Breite 10 bis 12 cm. Die Länge des Blattstieles variiert je nach Lichtangebot. Schwimmblatt- und Blütenbildung unter Aquarienbedingungen selten. Großer Pflatzbedarf. Seit kurzem ist die rötlich gefärbte Varietät *Nuphar japonica var. rubrotincta* (Caspary) Ohwi im Handel.
KULTUR Nur für größere Behälter ab Kantenlänge 120 cm. Mittel- oder Hintergrundpflanze. Soll die Art ihre ganze Pracht zeigen, muss hell beleuchtet werden. Die rötliche Varietät benötigt zum Erhalt der Färbung noch hellere Beleuchtung. Wasserhärte und pH-Wert sind im aquaristisch üblichen Bereich ohne nähere Bedeutung. Temperaturtoleranz zwischen 20 und 27 °C. Nährstoffarmen Bodengrund verwenden!
VERWENDUNG Bei ausreichender Beleuchtung einer der schönsten und pflegeleichtesten Solitärpflanzen. Wegen der immensen Wuchskraft ist die Pflanze nur für größere Aquarien geeignet.
VERMEHRUNG Ruheknospenaustrieb, Aussaat.

Dickstänglige Nesaea

Nesaea crassicaulis
(GUILLEMIN & PERROTTET) KOEHNE
Lythraceae

VERBREITUNG Tropisches Afrika.
MERKMALE Submers aufrecht wachsende Stängelpflanze. Blätter wechselständig, submers bis 10 cm lang und 1,5 cm breit, lanzettlich. Blätter und Stängel dickfleischig, brüchig, gelblichgrün bis schwach purpurfarben.
KULTUR Weiches bis mittelhartes Wasser, pH-Wert um 7. Temperatur 25–28 °C, CO_2-Düngung anzuraten, Licht 0,6–0,8 W/l. Wegen des weichen Blattgewebes besteht bei Verletzung Fäulnisgefahr.
VERWENDUNG Gruppenpflanze der mittleren Aquarienbereiche.
VERMEHRUNG Sprossteilung.

Tigerlotos
Nymphaea lotos L.
Nymphaeaceae

VERBREITUNG Tropisches Afrika, und Madagaskar. Durch weltweite Aquarienkultur in zusagenden Gewässern nahezu weltweit adventiv.
MERKMALE Rosettenpflanze mit Knolle, kurze Ausläufer bildend. Die Art ist eine ausgezeichnete Aquarienpflanze mit weiter ökologischer Amplitude. Die sehr unterschiedliche Färbung der bis 25 cm großen Unterwasserblätter von rotbraun bis leuchtend grün mit einer sehr variablen, braunroten Fleckung machen die polymorphe Art nahezu universell einsetzbar. Blüten, auch unter Aquarienbedingungen, allerdings nur nach Schwimmblattbildung.
KULTUR Anspruchslose Art, pH um 7, 22 bis 25 °C. Nahrhafter Bodengrund und ein heller Stand ergeben kräftige, gedrungene Pflanzen. Wächst aber auch in reinem Kies.
VERWENDUNG Der Tigerlotos ist eine vielseitig verwendbare Art. Als Solitärpflanze an einem optisch starken Punkt ist sie von unvergleichlicher Wirkung. Rote Pflanzen wirken besonders vor *Limnophila aquatica* oder hellgrünen Hygrophila.
VERMEHRUNG Ausläuferpflanzen.

Ezannos Seekanne
Nymphoides ezannoi BERHAUT
Menyanthaceae

VERBREITUNG Zentralafrika.
MERKMALE Rosettenpflanze mit Schwimmblättern und Ausläufern. Die Blätter und Wurzeln entwickeln sich am Ende eines, je nach Aquarienhöhe bis 80 cm langen Triebes. Sie sind eiförmig, kurz gestielt, basal herzförmig, tief eingeschnitten bis 10 cm groß. Blüten entstehen scheinbar aus dem Blattstiel, bis 25 nacheinander. Zwittrig, weiß, fünfzählig. Adventivsprosse an der Basis der Blütenstände entspringend.
KULTUR Einfach zu haltende Pflanze. Helle Beleuchtung, 25–28 °C, Wasserhärte und pH-Wert unbedeutend. Sehr blühwillige Art.
VERWENDUNG Hervorragend für offene Aquarien geeignet.
VERMEHRUNG Abtrennung der reichlich entstehenden Ausläuferpflanzen

Froschlöffelähnliche Ottelie
Ottelia alismoides (L.) PERSOON
Hydrocharitaceae

VERBREITUNG Asien, Australien.
MERKMALE Große, bis 75 cm hoch werdende, nur submers wachsende Rosettenpflanze mit bis 20 cm großen, bullösen, löffelförmig gewölbten, deutlich in Blattstiel und Spreite gegliederten Blättern. Blüten weiß, zwittrig, dreizählig, ggf. kleistogam, reichlich Samenbildung. Spatha und Frucht geflügelt. Die gesamte Pflanze ist extrem zerbrechlich.
KULTUR Temperatur 24 bis 28 °C, Wasserhärte und pH-Wert unerheblich. Helle Beleuchtung ab 0,6 W/l.
VERWENDUNG Groß werdende Solitärpflanze für geräumige Aquarien ab 250 l.
VERMEHRUNG Selten Teilung der Mutterpflanze. Samenvermehrung.

Meersalatblättrige Ottelie
Ottelia ulvifolia
(PLANCHON) WALPERS
Hydrocharitaceae

VERBREITUNG Tropisches Afrika.
MERKMALE Große, bis 50 cm hoch werdende, nur submers wachsende Rosettenpflanze, Blatt deutlich in Spreite (bis 25 cm) und Blattstiel (bis 25 cm) gegliedert. Blätter bei der Kulturform leuchtend grün mit bräunlicher Strich- und Fleckzeichnung. Blüten lang gestielt, zwittrig in einer transparenten, beidseitig abgeflachten grünen Spatha sitzend. Blüten dreizählig, meist gelb.
KULTUR Lichtbedürftige, ansonsten flexible Art. Temperatur 24 bis 28 °C.
VERWENDUNG Der Größe wegen bevorzugt für hohe Aquarien. Attraktive Solitärpflanze.
VERMEHRUNG Häufige spontane Teilung der Mutterpflanzen. Samenvermehrung.

Gays Laichkraut

Potamogeton gayi A. BENNETT
Potamogetonaceae

VERBREITUNG Süden Südamerikas.
MERKMALE Submers wachsende Stängelpflanze mit dünner, aufrechter, flutender Sprossachse, schwach verzweigend und wechselständiger, zweireihiger Beblätterung. Blätter schmal linealisch, sitzend, ganzrandig. Basal Ausläufer bildend, Blütenähren unscheinbar über Wasser.
KULTUR Problemlose Kultur, helle Beleuchtung ergibt braunrot gefärbte Sprosse.
VERWENDUNG Selten gepflegte Art. Gruppenpflanze der mittleren und hinteren Beckenpartien.
VERMEHRUNG Kopfstecklinge, basaler Neuaustrieb, Ausläuferpflanzen, Verzweigung der Stängelreste.

Flutendes Sternlebermoos

Riccia fluitans L.
Ricciaceae

VERBREITUNG Weltweit.
MERKMALE Flexible, auf der Wasseroberfläche aufschwimmende oder auf feuchtem Substrat wachsende, sich dann mit den Rhizoiden verankernde Art mit sternförmig gegabelten Thalli. Dichte Polster bildend.
KULTUR Ohne besondere Ansprüche sich reichlich vegetativ vermehrend. Temperatur 20 bis 27°C.
VERWENDUNG Schwimmpflanze zur Lichtdämpfung, als Nesthilfe für Schaumnestbauer, Refugium für Jungfische.
VERMEHRUNG Vegetativ durch Teilung.

Wassermeerrettich
Rorippa aquatica (EATON) PALMER & STEYERMARK
Brassicaceae

VERBREITUNG Östliches Nordamerika, Süd- und Ostmissouri, Quebec, Ontario, Minnesota, südlich bis Florida und Texas.
MERKMALE Pflanze, die im Kurztag rosettig wächst und im Langtag zur Streckung übergeht (Übergang zur Blühphase). Beblätterung dann wechselständig, 10 bis 20 cm hoch werdend. Bei stärkerer Beleuchtung (0,6 bis 0,8 W/l Leuchtstofflampenlicht) dichtbuschig, ästig verzweigt. Hellgrün bis dunkelgrün. Blätter im unteren Drittel gefiedert, im oberen Drittel grob gezähnt.
KULTUR pH 6,5 bis 9, temperaturverträglich bis 30 °C, kühlere Haltung wird jedoch bevorzugt. Toleriert mittelhartes bis hartes Wasser. Kohlendioxiddüngung wirkt sich positiv aus, verhindert Kalkausfällungen auf den Blättern.
VERWENDUNG In kleinen Aquarien gut als Mittelgrundpflanze geeignet. In großen Becken kann *Rorippa aquatica* als dichtbuschige Art des Vordergrundes und der mittleren Beckenpartien verwendet werden. Die Beleuchtung sollte hell sein. Bei Kohlendioxidmangel ist die Art zur Bikarbonatassimilation befähigt, wodurch auf den Blättern unschöne Kalkkrusten entstehen.
VERMEHRUNG Sprossteilung, Meristemkultur, an den Bruchstellen abgetrennter Blätter bilden sich Adventivpflanzen.

Rotweiderich
Rotala macrandra KOEHNE
Lythraceae

VERBREITUNG Südliches Indien.
MERKMALE Submers aufrecht wachsende Stängelpflanze, Blätter 3 bis 5 cm lang, 1,5 bis 3 cm breit, kreuzgegenständig, an den Blatträndern gewellt. Sprosse bis 50 cm lang, verzweigt. Färbung oberseits olivgrün bis kräftig orangerot, unterseits lilarot.
KULTUR 24 bis 28 °C, Wasserhärte unmaßgeblich bei Zufuhr von Kohlendioxid. Der Kohlendioxidgehalt sollte bei 30 mg/l liegen, pH-Wert schwach sauer bis neutral, helle Beleuchtung.
VERWENDUNG Auf Grund seiner Wuchskraft für größere Becken im Mittelgrund vor hellgrünen Pflanzen wie *Limnophila-* oder hellgrünen *Hygrophila*-Arten geeignet. Gruppen der Art wirken besonders schön, wenn sie aus mindestens 20 Stecklingen bestehen. Deshalb ist die Pflanze auch nur in Aquarien ab 100 cm Kantenlänge besonders attraktiv.
VERMEHRUNG Sprossteilung.

Salzbunge
Samolus valerandi L.
Primulaceae

VERBREITUNG Kosmopolitisch.
MERKMALE Emers und submers wachsende Rosettenpflanze, bis 15 cm hoch und 20 cm breit. Blätter hellgrün, verkehrt eiförmig. Blütenbildung nur emers. In Sumpfkultur im Warmhaus kann die Art sich zur Plage ausbreiten.
KULTUR Wächst in hartem, alkalischen Wasser besonders gut, salzverträglich, 20 bis 25 °C, helle Beleuchtung bringt kräftige, gedrungene Pflanzen.
VERWENDUNG In kleineren Aquarien für den mittleren Bereich, in größeren Becken für den Vordergrund geeignet.
VERMEHRUNG Abtrennen der basal reichlich entstehenden Seitentriebe. Aussaat.

Eidechsenschwanz
Saururus cernuus L.
Saururaceae

VERBREITUNG Nordosten Nordamerikas, verschiedentlich eingeschleppt.
MERKMALE Stängelpflanze mit kräftigen, unterirdischen Ausläufern. Über Wasser bis 50 cm hoch, nur dann blühend. Winterhart. Submers aufrechte Sprosse, auch hier unterirdisch Ausläufer bildend. Blätter wechselständig, gestielt, bis 6 cm lang und 4 cm breit. Typische rückwärts übergebogene, herzförmige Blätter, oberseits hell- bis olivgrün, unterseits silbrig.
KULTUR Einfache Kultur, anspruchslos, helle Beleuchtung erforderlich.
VERWENDUNG Die Pflanze der Wahl bei der Gestaltung von Pflanzenstraßen. Ansonsten Vordergrundbepflanzung.
VERMEHRUNG Stecklingsvermehrung, Abtrennen der Ausläuferpflanzen.

Krebsschere
Stratiotes aloides L.
Hydrocharitaceae

VERBREITUNG Europa.
MERKMALE Rosettige Schwimmpflanze, deren starre, wehrhaft bestachelte Blätter teilweise semiemers wachsen. Blätter manchmal bis 80 cm lang. Die Art ist getrenntgeschlechtig, zweihäusig. Selten beide Geschlechter in einer Population. Die Blattrosette sinkt im Herbst zum Gewässergrund, um bei Gewässererwärmung wieder aufzusteigen.
KULTUR Für mittelhartes und leicht alkalisches, basenreiches Wasser geeignet. Art für den Gartenteich, aber auch nach Eingewöhnung für das tropische Aquarium.
VERWENDUNG Dekorative Art für größere Aquarien, wo sie schwimmend kultiviert wird.
VERMEHRUNG Ausläuferpflanzen und Turionen (Winterknospen).

Schraubenvallisnerie
Vallisneria spiralis L.
Hydrocharitaceae

VERBREITUNG Südeuropa, Südwestasien.
MERKMALE Rosettige Wasserpflanze mit intensiver Ausläuferbildung. Blätter bandförmig glatt oder geschraubt (gedreht), bis 1 m lang und weniger als 1 cm breit, am Rande meist fein gezähnt.
KULTUR Unproblematische Art, auch für hartes Wasser und basischen pH-Wert geeignet. Helle Beleuchtung und lehmhaltiger Bodengrund ergeben kräftige Pflanzen.
VERWENDUNG Gut zur Hintergrundbegrünung geeignet. In größeren Aquarien als säulenförmiger Blickfang des Aquarienmittelgrundes geeignet.
VERMEHRUNG Ausläuferpflanzen.
bemerkung Die Bezeichnung „Schraubenvallisnerie ist nicht auf die manchmal schraubenförmig gedrehten Blätter zurückzuführen, sondern auf die spiralig eingewundenen Blütenstandstiele befruchteter weiblicher Blüten.

Javamoos
Vesicularia dubyana
(C. MÜLLER) BROTHERUS
Hypnaceae

VERBREITUNG Sundainseln, Philippinen.
MERKMALE Stark verzweigte, 15 cm und längere fädige Thalli, die mit der Zeit dichte Polster bilden. Fixiert sich mit seinen Rhizoiden auf dem Substrat.
KULTUR Einfache Kultur, Lichtansprüche mäßig, Temperatur und pH-Wert im aquarienüblichen Bereich.
VERWENDUNG Begrünung von Wurzeln, Steinen (besonders Lava), Rück- und Seitenwänden der Aquarien. Sehr dekorative Art.
VERMEHRUNG Teilung des Polsters.

Grasblättriges Trugkölbchen
Zosterella dubia (JACQUIN) SMALL
Pontederiaceae

VERBREITUNG Mittlere, östliche USA, Mexiko, Kuba.
MERKMALE Einfach zu haltende Stängelpflanze mit meterlangen erst aufrechten, dann aufschwimmenden Sprossen, langen Internodien und wechselständigen, linealischen Blättern. Blüten gelb, einzeln. Wegen der immensen Wuchsleistung und des etwas spillerigen Aussehens heute selten gepflegte Art.
KULTUR pH-Wert und Wasserhärte im Rahmen üblicher Aquarienkultur unerheblich. Im leicht alkalischen Bereich wächst die Art leichter. 15 bis 30 °C, günstig um 20 °C.
VERWENDUNG Unauffällige Art, deshalb als säulenartiger, aufstrebender Kontrast für die mittleren Beckenpartien und vor großblättrigen Arten.
VERMEHRUNG Sprossteilung.

THEMA

AQUARIEN MIT PFLANZEN GESTALTEN

Die Raumaufteilung

Konzepte erstellen

Anfangs pflanzte ich alles, was auch nur den Anschein erweckte, im Aquarium kultiviert werden zu können, an. Die Sammelleidenschaft hatte mich gepackt. Bald war das schönste Sammelsurium zusammen und der Anblick der Aquarien eine mittlere Katastrophe. Pflanzensoziologie und Ästhetik? Fehlanzeige! Ich musste einsehen, dass, wer ein attraktives Schauaquarium einrichten will, nicht darum herumkommt, sich ausreichend Gedanken über Dekorationsmaterial, Rück- und Seitenwände, vorrangig aber über die Bepflanzung zu machen. Je nach Geschick oder bereits vorhandener Praxis sind dazu mehr oder weniger detaillierte Konzepte notwendig. Trotz meiner langjährigen Erfahrung beim Einrichten von Aquarien skizziere ich nach wie vor den Pflanzplan so genau wie möglich auf einem Blatt Papier. So kann man sich schon ein Bild des fertigen Aquariums machen, andererseits sind auf dem Papier noch Korrekturen problemlos möglich. Trotzdem passiert es immer wieder, dass einzelne Arten später ausgetauscht werden müssen, da ihre Wuchseigenschaften anders sind, als es erwartet wurde.

Regeln der Raumaufteilung

Die Grundfläche eines Aquariums teilt man bei der Bepflanzung in drei hauptsächliche Bereiche: den Aquarienvordergrund, die mittleren Beckenpartien und den Hintergrund. Die eine oder andere Solitärpflanze ist an besonders exponierter Stelle geplant. Deren Anzahl hängt jedoch wesentlich von der Größe der zu bepflanzenden Grundfläche ab.

Limnophila aquatica **und *Hemianthus micranthemoides* ergeben eine harmonische Komposition.**

Der „Goldene Schnitt“

Vermutlich in Holland hat man erstmals den sog. Goldenen Schnitt in der Aquariengestaltung angewandt. Diese Methode der Raumaufteilung ist in der Malerei und Grafik, der Fotografie und auch der Bühnenbildnerei üblich. Ziel dieser Raumaufteilung ist es, einerseits in den zwei oder drei Dimensionen einer Fläche oder des Raumes sog. optisch starke Punkte zu finden. Andererseits soll durch eine bestimmte Anordnung der Blick des Betrachters auf diese optischen Punkte gelenkt werden. Bei der Gestaltung von Aquarienbepflanzungen beschränken wir uns auf die zwei Dimensionen der Ebene. Die dritte Dimension, nämlich die Höhe der zukünftigen Bepflanzung, ist eine zu stark veränderliche Größe, als dass sie in die Konzeption mit einbezogen werden könnte. Grund dafür ist das Längenwachstum der Aquarienpflanzen als Variable. Wendet man die Regeln des „Goldenen Schnitts“ konsequent an, so ist es gleichgültig, ob dabei ein Aquarium für südamerikanische Großbuntbarsche oder kleine Salmler geplant wird. Die grundlegende Raumaufteilung sollte diesen Regeln entsprechen.

Weitere Raumkonzeptionen

Der Vollständigkeit halber seien noch zwei weitere, in Mitteleuropa noch relativ neue „Schulen“ der Aquarienkonzeption erwähnt. Das sind zum einem die „Naturaquarien“, erfunden von Takashi Amano. Diese Aquarien spiegeln japanische Auffassungen von Naturreflexionen wider. Zum anderen gibt es die so genannten Bonsai-Aquarien, die eigentlich mehr in die Richtung eines Paludariums tendieren.

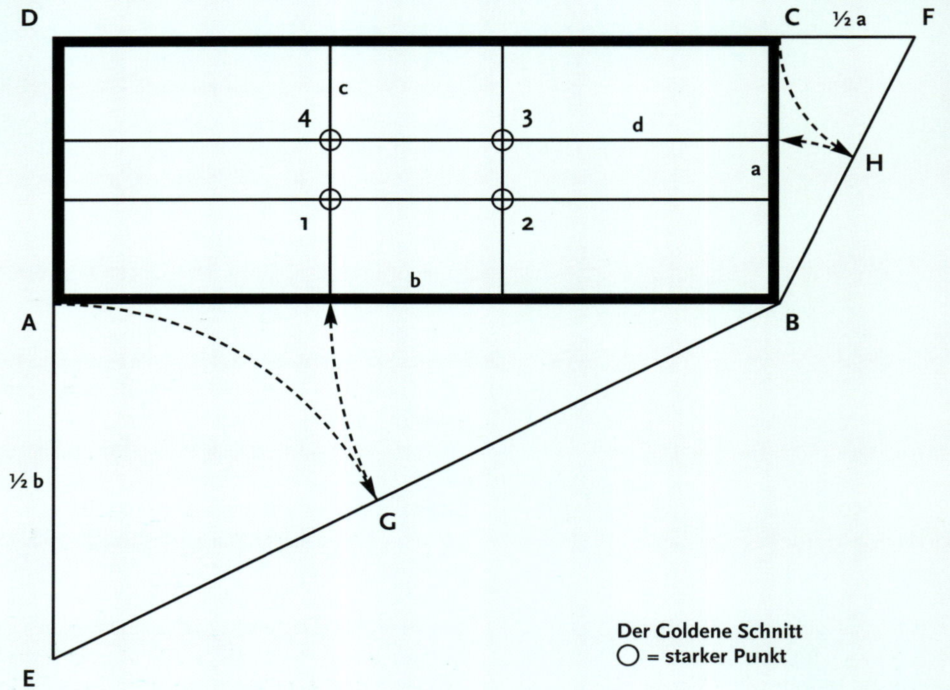

Die „starken Punkte" ermitteln

Um die „starken Punkte" einer Aquariengrundfläche zu ermitteln, geht man so vor:

1 Die Eckpunkte der Grundfläche (des Aquariums) heißen A, B, C und D. Die Strecken, die benötigt werden, liegen einmal zwischen A und B (= b) und einmal zwischen B und C (= a).

2 Zunächst die Strecke A–D nach unten um die Hälfte der Stecke b verlängert. Man erhält den Punkt E.

3 Punkt E mit Punkt B durch eine Gerade verbinden. Mit dem Zirkel einen Kreisbogen schlagen. Punkt E ist Mittelpunkt dieses Kreises. Der Radius r beträgt ½ b. Den Kreisbogen von A bis zum Schnittpunkt mit der Geraden E–B zeichnen. Der so ermittelte Schnittpunkt heißt G.

4 Nun wird um B als Mittelpunkt ein Kreisbogen mit dem Radius, der gleich der Strecke B–G ist, bis zum Schnittpunkt mit der Stecke A–B (= b) geschlagen. Auf diesem Schnittpunkt eine Senkrechte (c) errichten.

5 Jetzt verlängert man die Strecke D–C um die Hälfte der Strecke a. So erhält man F.

6 Nun F mit B verbinden. Um den Punkt F einen Kreisbogen mit dem Radius ½ a schlagen. Der Schnittpunkt mit der Stecke F–B ist der Punkt H.

7 Nun wird um B ein Kreisbogen mit dem Radius, welcher der Strecke B–H entspricht, gezeichnet. Der jetzt ermittelte Schnittpunkt mit der Strecke a ist der Ausgangspunkt einer Parallele zu A–B, die d genannt wird.

8 Der Schnittpunkt von c und d ergibt den ersten „Starken Punkt" (hier Nummer 4)

9 Analog die noch fehlenden Punkte 1 bis 3 ermitteln.

Kontrapunktäre Pflanzenkombination mit *Micranthemum umbrosum*, *Heteranthera zosterifolia* und *Nyphaea lotos*.

Beginnen wir mit der Planung eines ganz normalen Gesellschaftsaquariums mit nicht wühlenden, kaum revierbildenden Fischen. Das können einerseits Salmler, Barben, auch Lebendgebärende Zahnkarpfen, verschiedene Zwergbuntbarsche oder Regenbogenfische sein.

Pflanzen für den Vordergrund

Um sich den Blick in die Tiefe des Aquariums nicht zu verstellen, ist es angebracht, im Vordergrund des Aquariums zuerst einmal kleinwüchsige Pflanzenarten zu verwenden. Das Spektrum der Möglichkeiten ist dabei schon recht ansehnlich.

Rasenartige Flächen

ECHINODORUS-ARTEN In holländischen Aquarien können im Vordergrund sehr oft ausgedehnte Flächen, bewachsen mit der Rasen bildenden Art *Helanthium tenellus* bewundert werden. Allerdings ist die Schwertpflanze nicht der einfachste Pflegling. Ein heller, unbeschatteter Standort ist Grundbedingung. Weiterhin verträgt es die Art schlecht, wenn sich in der Pflanzenmatte zu viel Mulm ansammelt. Habituell ähnlich, wenn auch etwas größer, sind die sich gleichfalls durch Ausläufer ausdehnenden *Helanthium bolivianus* und *Helanthium x quadricostatus*. Je nach Größe des Aquariums sind die letztgenannten Arten auch für die mittleren Beckenpartien verwendbar. Mit der Zeit entstehen dichte, rasenartig bewachsene Flächen, die, ähnlich dem Rasen im Staudengarten, einen Ruhepol für das Auge darstellen. Ähnlich kann das kleine, Ausläufer bildende Pfeilkraut *Sagittaria subulata* verwendet werden.

LILAEOPSIS-ARTEN Habituelle Ähnlichkeit mit den kleinen Echinodorus haben die *Lilaeopsis*-Arten, die den Doldenblütengewächsen (Apiaceae) zugeordnet werden. Sowohl *Lilaeopsis brasiliensis* als auch *Lilaeopsis mauritiana* sind beide relativ anspruchslose Pfleglinge. Sie wachsen langsamer als die Rasen bildenden *Echinodorus*-Arten und brauchen auch nicht so viel Licht wie die Zwergschwertpflanze. An jedem Knoten wurzelnd, bilden sie bald dichte Matten.

CRYPTOCORYNE X WILLISII Soll der gleiche Effekt mit der von vielen Pflanzenfreunden begehrten *Cryptocoryne x willisii* erreicht werden, braucht es einerseits viele Einzelpflänzchen, um einen einigermaßen dichten Anfangsbestand zu erreichen, anschließend jedoch sehr viel Geduld, bis der Bestandsschluss erreicht ist. Ist dann endlich die begehrte grüne Fläche entstanden, hat man kaum noch Arbeit. Die Wuchsgeschwindigkeit ist so gering, dass es lange dauert, bis ausgelichtet werden muss. Nur wenn der Stand so dicht geworden ist, dass sich die Blätter schon übereinander legen, werden die Blattstiele länger. Unschön sieht es aus, wachsen solche Pflanzen platt gedrückt an der Frontscheibe nach oben. Ein Freiraum von 5 cm zur Vorderscheibe ist daher schon erforderlich.

AUSTRALISCHES ZUNGENBLATT Schon lange bevor sich die „Japanischen Naturaquarien" etabliert hatten, lernte ich das wunderschöne *Glossostigma elantioides*, das Australische Zungenblatt, kennen. Meist werden die am Boden kriechenden Sprosse nur wenige Zentimeter hoch. Dicht verzweigt, an jedem Knoten wurzelnd, bedecken sie schnell große Flächen, vorausgesetzt, es ist genügend Licht vorhanden. Beschattungen verträgt die Pflanze nicht. Zur Vordergrundgestaltung ist das Australische Zungenblatt bei Beachtung dieser Mindestansprüche sehr dekorativ und etwas Besonderes.

ZWERGKLEEFARN So gut wie vergessen ist eine Pflanze, die vor Jahren begehrt war und gern gepflanzt wurde. Es handelt sich um *Marsilea crenata*, den Zwergkleefarn aus der Familie der Kleefarngewächse Marsileaceae. Ähnlich wie das Australische Zungenblatt wird die Pflanze nur etwa einen Zentimeter

Die Vordergrundbepflanzung mit der Kardinalslobelie ist etwas arbeitsaufwändig.

Algenbälle gekonnt als Gestaltungsmittel einzusetzen verlangt Fingerspitzengefühl.

hoch und breitet sich mit niederliegenden, kriechenden Sprossen auf dem Substrat aus. Die höchstens acht Millimeter großen, fast kreisrunden Blätter decken schuppenartig den Boden ab. Auch der Lichtbedarf der Pflanze ist mäßig.

Moose für Dekorationsgegenstände

In schnell strömenden Gebirgsbächen, aber auch manchen sauberen Tieflandfließgewässern, treffen wir *Fontinalis antipyretica*, das Quellmoos. Es wächst auf Steinen und Baumwurzeln und flottiert auch winters als immergrüne Art unter dem Eis. In den letzten Jahren etablierten sich, parallel zur Verbreitung der Zwerggarnelen in den Aquarien, zunehmend Moose in der aquaristischen Kultur. Meist leicht zu kultivieren und auch mit mittleren Beleuchtungsstärken zufrieden, könnten diese Arten zum festen Bestandteil in der Pflanzenpflege werden. In Japan bereits kommerziell vermehrt, tut sich die professionelle Pflanzenvermehrung in Deutschland mit dieser Pflanzengruppe noch etwas schwer. Bleibt vorerst also nur die zögerliche und auch preisintensive Weitergabe aus der Liebhaberkultur.

Rasenflächen auflockern

Nicht bodendeckend, aber als Auflockerung zwischen anderen, etwas dichteren, kleinblättrigen Arten, erscheint *Hydrocotyle verticillata*, der Quirlblättrige Wassernabel, bestens geeignet. Da die Art ansonsten relativ anspruchslos in der Pflege ist, muss lediglich für eine ausreichend gute Belichtung im Aquarium gesorgt werden.

Schnellwüchsige und schmalblättrige Stängelpflanzen werden selten für Pflanzenstraßen verwendet.

Mit den soeben genannten Pflanzen haben sich eigentlich die am besten geeigneten Vordergrundpflanzen erschöpft. Aus gestalterischen Erwägungen heraus ist es aber durchaus auch möglich, Arten, die vorrangig in den mittleren Aquarienpartien genutzt werden, straßenartig vom Vordergrund zur Rückwand hinzuziehen. Hier sind wir bei einem Spezialfall der aquaristischen Pflanzenverwendung, den so genannten Pflanzenstraßen.

Straßen aus Pflanzen

Wirkung

Diese meist diagonal von vorn nach hinten, oft auch in Winkeln oder Windungen verlaufenden, ansteigenden Pflanzungen haben

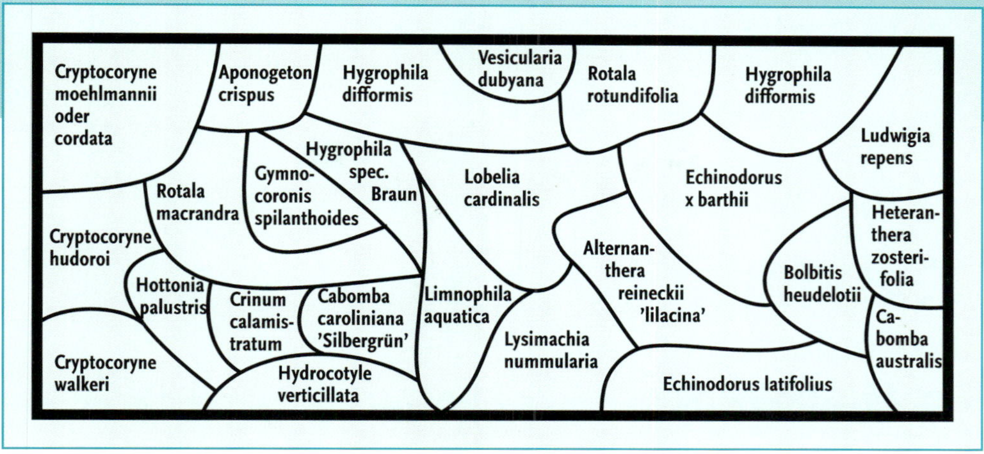

So könnte ein Aquarium mit den Maßen 150 x 60 x 45 cm bepflanzt werden.

unterschiedliche Funktionen. So können diese Straßen den Blick richtungsweisend auf einen starken Punkt im Aquarium führen. Dieser Punkt könnte mit einer Solitärpflanze, aber auch mit einem Felsstück oder einer besonders schönen Wurzel hervorgehoben werden. Möglich ist es auch, mittels solcher blickrichtenden Pflanzung nicht vorhandene Aquarientiefe vorzutäuschen oder die Tiefe größerer Becken zu betonen.

Geeignete Pflanzen für eine „Straße“

Betrachten wir den klassischen Pflanzenfundus, um solche Pflanzenstraßen herzustellen. Nur wenige Arten kommen dabei normalerweise zum Einsatz:

EIDECHSENSCHWANZ In Deutschland eher selten eingesetzt, in holländischen Aquarien oft gesehen, ist *Saururus cernuus*, der Eidechsenschwanz. Diese Sumpfpflanze gedeiht langzeitig unter Wasser und bildet dabei die typischen herzförmigen, leicht nach hinten übergebogenen, frischgrünen Blätter. Da die Art relativ langsam wächst, sind korrigierende Eingriffe relativ selten notwendig.

LOBELIA CARDINALIS, die Scharlachrote Lobelie, ist eine Alternative zum Eidechsenschwanz. Leicht in größeren Mengen vermehrbar, bildet die Art die preiswertere, schnellere Variante, um eine Pflanzenstraße zu gestalten. Im Handel werden beide Arten als Sumpfpflanze angeboten, müssen aber, was auch problemlos möglich ist, an die Unterwasserkultur adaptiert werden. Neuerdings werden auch andere Stängelpflanzen, oft farbige Arten wie *Ammannia* oder *Alternanthera,* so verwendet. Dies kann möglicherweise gute Erfolge hervorbringen, ist aber nur kleinflächig anzuraten, zumal diese Pflanzen oft schnell zur Wasseroberfläche emporwachsen und immer wieder eingekürzt werden müssen.

LANGSAM WACHSENDE ARTEN Meist bevorzugen Aquarianer solche Pflanzen, die nicht so rasant wachsen, relativ leicht korrigiert werden können und gleichzeitig traumhafte Möglichkeiten in der Gestaltung bieten. Gemeint sind solche Pflanzen wie das Amerikanische Perlkraut *Hemianthus micranthemoides*, die Wasserhecke *Didiplis diandra*, das Rundblättrige Perlkraut *Micranthemum umbrosum*, der Pfennigweiderich *Lysimachia nummularia*, aber auch die Wasserfeder *Hottonia palustris* kann Verwendung finden.

Wandert der Blick an diesen Pflanzenstraßen entlang, kommen wir unweigerlich zu dem Bereich, wo die Arten für den mittleren Aquarienbereich zu finden sind.

Die Bepflanzung des Mittelgrundes

Viele Gestaltungsmöglichkeiten

Der Mittelgrund ist wohl der Bereich des Aquariums, der die vielfältigsten Möglichkeiten bietet, um kreativ zu werden. Die Entscheidung zwischen den einzelnen Pflanzengruppen und -arten fällt natürlich umso schwerer, je mehr Möglichkeiten ins Kalkül gezogen werden.

WENIGER PFLEGEINTENSIVE ARTEN Nun soll es auch Aquarianer geben, die es nicht so mit der aufopferungsvollen Pflanzenpflege haben. Der Altmeister der Staudenverwendung Karl Förster kreierte die Hemerocallis (Taglilie) als die Pflanze des „intelligenten Faulen". In der Aquarienbepflanzung entsprechen ihr pflegeleichte, sich gut, aber nicht zu stark durch Ausläufer vermehrende, altbekannte, aber doch immer wieder schöne Arten. Dazu zählen u.a. *Anubias*, viele *Echinodorus* oder *Cryptocorynen* wie *Cryptocoryne wendtii*, *Cryptocoryne bekettii*, *Cryptocoryne affinis*, aber auch *Cryptocoryne lutea* und ihre Formen sowie *Cryptocoryne pontederiifolia*. Auch bereits erwähnte Arten für die Pflanzenstraßen–Gestaltung können hier genauso gut Verwendung finden.

Pflanzen für den Mittelgrund

Je nach Höhe und Tiefe des Beckens schwankt die Zahl der verwendbaren Arten stark. Ich beschränke mich bei der Empfehlung auf Beckengrößen ab 120 cm Standardbeckenlänge und eine Tiefe von 50 cm.

POLSTERARTIGE PFLANZENGRUPPEN Sehr gut lassen sich große, polsterartige Pflanzengruppen mit *Hemianthus* oder *Didiplis diandra* gestalten. Dies hat einerseits den Vorteil, dass solche Gruppen sehr kompakt wirken, andererseits wachsen sie nicht so schnell zur Wasseroberfläche. Man kommt also auch bei größeren Aquarien mit dem Einkürzen noch problemlos zurecht.

Eine stimmige Aquarienbepflanzung nach holländischen Kriterien der Raumaufteilung.

FARBENPRACHT Im mittleren Bereich des Aquariums werden in der Regel auch die farbenprächtigen Pflanzenarten präsentiert. Die Cognacpflanzen *Ammannia gracilis* und *Ammannia senegalensis*, *Rotala*-Arten, aber auch die prächtigen Papageienblätter der Formengruppe um *Althernanthera reineckii* können hier am dekorativsten präsentiert werden. Einerseits wird der Blick durch die Vordergrundbepflanzung ungehindert durchgelassen, andererseits bleibt im Hintergrund noch ausreichend Projektionsfläche, um diese Farben auch gut zur Geltung zu bringen.

ANSPRUCHSVOLLERE ARTEN Pflanzen mit gestreckter Sprossachse, die etwas schwieriger zu pflegen sind, sollten hier im Mittelgrund angepflanzt werden. Dazu zählen z.B. die Indische Sternpflanze *Eusteralis stellata*, das Flutende Mooskraut *Mayaca fluviatilis*, *Lagarosiphon cordofanus*, die rote Haarnixe *Cabomba furcata*, aber auch *Ludwigia glandulosa*. In der Regel ist in diesem Aquariumsbereich immer ausreichend Licht vorhanden, was gerade für diese Arten lebenserhaltend ist. Oft musste ich feststellen, dass in Zeiten, in denen der Pflegeaufwand für die Aquarien zurückgeschraubt werden musste, solche etwas problematischen Pflanzen stark gelitten haben. Standen sie obendrein noch etwas versteckt, war es meist um sie geschehen.

Einzelne Pflanzen als Blickfang

Das Ende einer Pflanzenstraße ist ein guter Platz für attraktive Solitärpflanzen. Um diese Pflanzen besonders hervorzuheben, werden sie an optisch starken Punkten im Aquarium gepflanzt. Solitärpflanzen sind mittelgroße bis – je nach Aquarienvolumen große Einzelpflanzen. Die folgende Aufzählung könnte noch um etliche Pflanzen fortgesetzt werden und der Kreativität sind kaum Grenzen gesetzt. Ob bei der Solitärpflanzung farblich harmonisch abgestimmt wird oder kontrapunktäre Elemente bevorzugt werden, bleibt eine Geschmacksfrage.

Attraktive Solitärpflanzen

ECHINODORUS Besondere Bedeutung als Solitärpflanzen haben, wohl wegen ihrer Sortenvielfalt, die *Echinodorus*. Nun erschöpfen sich aber mit den Schwertpflanzen die dekorativen Solitären durchaus nicht. Reizvoll und zugleich anspruchsvoll hinsichtlich der Kulturbedingungen sind die sehr schönen

APONOGETON-ARTEN Ich erinnere hierbei an die Kulturerfolge bei der Gitterpflanze *Aponogeton madagascariensis*, die Herr Albers aus Delft in Holland dokumentiert hat. Auch die vorrangig für große Aquarien geeigneten Wasserähren *Aponogeton boivinianus*, aber auch *Aponogeton ulvaceus*, sind durchaus herrliche Solitäre. Einfacher zu halten als die madagassischen Formen sind die asiatischen Arten. Warum sollte nicht der Versuch gewagt werden, die verschiedenen Zuchtformen von der Krausen Wasserähre *Aponogeton crispus* zu nutzen, zumal Pflanzen aus diesem Formenkreis leicht zu kultivieren, aber auch zu vermehren sind.

OTTELIE Die alt bekannte Froschlöffelähnliche Ottelie *Ottelia alismoides* und auch die noch nicht lange kultivierte *Ottelia ulvifolia* haben durchaus ihre Reize.

DUFTENDE ARTEN Entscheidet man sich für die an sich sehr attraktiven *Crinum-Arten*, die Hakenlilien, ist es angeraten, ein offenes Aquarium zu pflegen, denn nur so kann man in den Genuss der herrlich duftenden weißen Blüten kommen.

AZURBLAUE EICHHORNIE Zuletzt möchte ich noch den unvergleichlich dekorativen Effekt einer kräftigen Einzelpflanze, der Azurblauen Eichhornie *Eichhornia azurea* erwähnen. Bis zu 50 cm Durchmesser kann ein solches Exemplar erreichen.

Eine der schönsten Solitärpflanzen für den Aquarienmittelgrund ist *Echinodorus x barthii.*

Die Hintergrundbepflanzung

Welche Arten für den Aquarienhintergrund Verwendung finden, ist einerseits Geschmackssache und hängt andererseits von den Lichtverhältnissen ab.

Pflanzen für dunkle Partien

Da, wo das Licht nur relativ schwach eindringen kann, ist der ideale Platz für mittelgroße Wasserkelche wie *Cryptocoryne usteriana, Cryptocoryne affinis, Cryptocoryne hudoroi* und ähnlichen Arten. Speerblätter der Gattung *Anubias* meine ich gleichfalls hierher setzen zu können. Auch die *Microsorum*-Formen, sowie der Afrikanische Flussfarn, *Bolbitis heudelotii*, können hier gedeihen. Dabei sind bei den Farnen und den Speerblättern Moorkienwurzeln als Befestigungssubstrat bestens geeignet, zumal ihre Gestalt und Farbe sehr dekorativ sind.

Pflanzen für helle Bereiche

Hintergrundpartien, die ausreichend hell beleuchtet werden, sind idealer Platz für *Hygrophila* (Wasserfreund)-Arten und -sorten. *Limnophila aquatica*, eine der schönsten *Limnophila*-Arten überhaupt, kann hier dichte, hellgrüne Gruppen bilden, vor denen sich farbige oder dunkelgrüne Arten besonders hervorheben. Auch ist *Hygrophila difformis*, der Wasserwedel, eine ideale Kulisse für die herrlich farbigen neuen *Echinodorus*-Sorten. Obwohl nicht zu vermuten, finden wir in *Rotala rotundifolia*, der Rundblättrigen Rotala, und *Heteranthera zosterifolia,* dem Seegrasblättrigen Trugkölbchen, ausgezeichnete Arten für den Aquarienhintergrund. Allerdings muss bedacht werden, dass eine großflächig im Hintergund wachsende *Heteranthera* zwar schön aussieht, es aber viel Arbeit macht, diese Art langfristig in Form zu halten. Es ist mühevoll, dicke *Heteranthera*-Büsche auseinanderzudröseln, zumal sich an den Knoten häufig Wurzeln bilden, die den Busch zu einer undurchdringlichen Matte verweben können.

Rückwände dekorativ gestalten

Wichtig für die Präsentation der Arten des Aquarienmittelgrundes, aber auch der Solitären, ist die Kulisse, in die diese Pflanzen gestellt werden. Aquarienrückwände können durchaus eine Katastrophe sein. Ich denke dabei nur an die überall als Meterware gehandelte Fotorückwand. Auch die nicht gerade billigen, relativ „natürlich" wirkenden Plastiknachbildungen von Uferpartien können bei der Pflanzenauswahl durchaus problematisch werden.

KORKEICHE Ich habe für kleinere Aquarien in der Vergangenheit die Rinde der Korkeiche lückenlos auf einer perforierten Plastikplatte befestigt, das Ganze tagelang gewässert, bis aus dem Kork schließlich keine Farbstoffe mehr austraten. Anschließend passgerecht im Aquarium verankert, war der Dekorationseffekt unvergleichlich. Leider schmeckte die Korkwand meinen Schilderwelsen zu gut, sodass sie im Laufe der Zeit immer dünner und lückenhafter wurde.

SCHAUMPOLYSTYROL-PLATTEN Die günstigste und billigste Möglichkeit bleibt die Rückwandgestaltung mit selbst strukturierten, schwarz gestrichenen Schaumpolystyrol-Platten. Sicher gibt es Derartiges auch im Zoofachhandel zu kaufen, die Verwendbarkeit ist aber nicht so wie beim Eigenbau, da diese Platten meist recht dünn und verhältnismäßig hart sind.

SCHWARZ GESTRICHENE RÜCKWÄNDE Will man die Rück- und Seitenwände nicht bepflanzen, reicht es, die Aquarienrückwand mit wasserlöslicher Plakatfarbe dick einzustreichen. Die auf diese Weise entstehenden schwarzen Rückwände geben die beste Kulisse für die Hintergrundbepflanzung.

Die Art der Rückwandgestaltung hat unmittelbaren Einfluss auf die Wirkung eines Aquariums.

Aquarien mit wenigen, unproblematischen Fischen können so abwechslungreich wie dieses Aquarium gestaltet werden.

Die richtigen Pflanzen für jeden Aquarientyp

So verschieden wie die Vorlieben von Aquarianern sein können, so unterschiedlich sind auch die Ansichten oder Möglichkeiten zur Bepflanzung von Aquarien. Freunde von Großbuntbarschen setzen andere Maßstäbe als Regenbogenfisch-Halter. Zwergcichliden benötigen als Pflegeoptimum andere Parameter als die, die Diskusfreunde ihren Fischen gönnen. Nicht zu vergessen die Liebhaber der Malawi- und Tanganjika-See-Buntbarsche und die Schilderwels-Fans.

AQUARIENTYPEN Die unterschiedlichsten Anschauungen zur Pflanzenaquaristik finden ihren Niederschlag in diversen Aquarientypen: Mancher Aquarianer bevorzugt Aquarien nach dem holländischen Typ, ein anderer die japanischen Naturaquarien mit ihrem mehr philosophischen Hintergrund, ein dritter die verspielten Bonsai-Aquarien, die gar keine richtigen Aquarien mehr sind.

GESUNDE FISCHE ALS ZIEL Eines jedoch haben alle Aquarianer gemeinsam: Sie möchten gesunde Fische in einem dekorativen Umfeld pflegen. Für dieses Ziel muss die Bepflanzung unter Beachtung von dekorativen, aber noch wichtiger biologischen Aspekten gestaltet werden. Im Folgenden soll versucht werden, auf die verschiedenen Spezialfälle einzugehen und Möglichkeiten zu finden, allgemeingültige Maßstäbe abzuleiten.

Schmetterlings-Buntbarsche kann man im Gegensatz zu Großbuntbarschen einfacher in bepflanzten Aquarien halten .

Großbuntbarsche und Aquarienpflanzen

Die Großcichliden Mittel- und Südamerikas haben eine besondere Ausstrahlung. Jahrelang habe ich *Astronotus ocellatus*, den Pfauenaugenbuntbarsch, *Vieja synspilum*, *Hypsophrys nicaraguensis*, den Meeki und den Grünflossenbuntbarsch gehalten und vermehrt. Deshalb weiß ich, wovon ich spreche, wenn ich sage, dass diese Fische nur mit erheblicher Mühe in bepflanzten Aquarien gepflegt werden können. Grundsätzlich gilt, dass die Auswahl und das Spektrum der nutzbaren Pflanzen mit zunehmender Fischgröße und in Abhängigkeit von der Ernährungsweise und vom Futterdurchsatz schmaler wird.

GEEIGNETE PFLANZEN *Anubias*-Arten, große *Cryptocorynen* wie *Cryptocoryne aponogetifolia* halten sich neben dem Afrikanischen Flussfarn *Bolbitis heudelotii*, aber auch *Microsorum pteropus* in seinen Formen in Aquarien mit Großbuntbarschen recht gut. Auch die Hakenlilien, vor allem *Crinum natans*, haben gute Überlebenschancen. Arrangiert man diese Arten geschickt auf Moorkienholzwurzeln und entzieht die Pflanzstellen der in den Bodengrund gepflanzten Arten den Grabaktivitäten der Fische, können durchaus ansprechende Aspekte entstehen. Bei all dem müssen die meisten großen Buntbarsche ein vegetarisches Zufutter erhalten, ansonsten fressen sie auch härteste Pflanzen an. Verpaart sich allerdings vegetarische Ernährung mit Wassertemperaturen um die 30 °C, wie es bei *Uaru amphiacantoides*, dem Keilfleckbuntbarsch, nötig ist, hält wohl keine Pflanze über eine längere Zeit durch.

In einem Aquarium für Tanganjika-Cichliden kommen nur wenige Pflanzen zum Einsatz.

Aquarien für Cichliden der Afrikanischen Grabenseen

Die leuchtenden Farben der Malawi-See-Buntbarsche dominieren im kristallklaren Wasser eines durch Felsaufbauten gegliederten Aquariums. Meist finden wir nur wenige Pflanzenarten wie *Vallisnerien* oder verschiedene *Anubias*-Arten, seltener Flussfarn oder Javafarne. Im mittelharten Wasser dieser Aquarien gedeihen oft nicht viel mehr Arten als diese längerfristig, zumal viele der Malawi-Buntbarsche Pflanzen als Zukost nehmen. Das stark bewegte Wasser solcher Aquarien ist sauerstoffreich und wird meist mit starken Umwälzpumpen über mechanische Schnellfilter gereinigt. Filterdurchsätze vom 10fachen Aquarienvolumen sind dabei keine Ausnahme. Meist ist feinkiesiger Bodengrund ohne Lehmbeimischungen anzutreffen. All diese Faktoren bewirken, dass ein reicher Pflanzenwuchs kaum entstehen kann. Dagegen wird das Grünalgenwachstum in solcher Umgebung stärker gefördert, was aber bei Aufwuchsfressern gewünscht wird. Sicher mag es hin und wieder bei der Haltung dieser Fische Ausnahmen geben. Ich habe selber in der Vergangenheit Fische des Malawi-Sees in dichter bepflanzten Aquarien gehalten, allerdings mit Kompromissen zugunsten der Pflanzen. Ähnlich sind Aquarien mit den Maulbrütern aus dem Tanganjika-See zu bewerten. Weitaus mehr Pflanzenarten können bei der Pflege von Buntbarschen der Felsspalten des Tanganjika-Sees Verwendung finden, da diese Arten die Pflanzen kaum behelligen.

Gesellschaftsaquarien wie dieses lassen sich abwechslungsreich gestalten.

Pflanzen im Gesellschaftsaquarium

Das weit verbreitete Gesellschaftsaquarium ist in der Regel ein Kompromiss, in dem die Fische Priorität haben, der Fischbesatz sich jedoch gegenseitig weitgehend toleriert, ohne sich Schäden zuzufügen. Auch kümmern sich die tierischen Bewohner eines solchen Aquariums wenig um die Pflanzen. Ein Gesellschaftsbecken kann hinsichtlich des Fischbesatzes in verschiedene Richtungen tendieren, aber auch viele verschiedene Pflanzen können gehalten werden. Die Raumaufteilung nach den Grundsätzen des sog. Goldenen Schnittes ist auch hier die Ausgangsbasis für den Besatz mit Dekorationsmaterial und Pflanzen. Dabei muss überdies beachtet werden, dass sowohl freier, unbepflanzter Bodengrund für gründelnde Fische wie Panzerwelse, Barben und Schmerlen vorhanden ist, als auch ausreichend freier Schwimmraum für Fische der mittleren Wasserschichten angeboten wird. Je größer die Becken sind, umso mehr Möglichkeiten hat man naturgemäß. Die Artenzahl der zu verwendenden Pflanzen hängt in solchen Aquarien nur von der Größe des Aquariumbehälters und vom persönlichen Geschmack ab. Eine geeignete Raumaufteilung für ein typisches Gesellschaftsbecken stellt der schon gezeigte Bepflanzungsplan (S. 209) dar.

Pflanzenaquarien

Vor 10 Jahren war es noch relativ einfach, vom Pflanzenaquarium zu sprechen, da meist die holländischen Pflanzenaquarien als Vorbild genommen wurden. Mittlerweile muss man schon genau definieren, welcher Schule gefolgt werden soll, also beispielsweise der „Holländischen Schule“ oder den „Naturaquarien“ im Sinne des Japaners Takashi Amano. Dazwischen liegen unzählige Übergänge und Verwischungen. Erwähnt werden müssen auch noch solche Pflanzenfreunde, die es grundsätzlich ablehnen, immer wieder mit Schere und Pflanzwerkzeug die natürliche Entwicklung der Pflanzen zu hemmen und deshalb häufig auf Stängelpflanzen ganz verzichten.

Die Blüten der Wasserähre *Aponogeton distachyos* verströmen einen angenehmen Duft.

Offene Aquarien

Eine wiederbelebte Art der Pflanzenaquaristik auf gehobenem technischem Niveau ist die Kultur in einem „offenen" Aquarium, also ohne Abdeckung mit der sonst üblichen Beleuchtungswanne. Diese offenen Aquarien sind die Domänen der Starklichtfluter, HQI- und HQL-Beleuchtung. Bei einem offenem Aquarium eröffnet sich dem Betrachter die eigentlich natürliche Sichtweise auf ein Gewässer, nämlich der Blick von oben. Diese ungewohnte Betrachtungsweise muss zwangsläufig bei der Pflanzungsplanung beachtet werden. Um optimalen Wuchs und die optimale Farbigkeit der Pflanzen zu erzielen, sind starke Strahler mit HQI-Brennern oder entsprechende Leuchtstoffröhren erforderlich. Dies treibt die Stromkosten nicht unerheblich in die Höhe. Offene Aquarien verdunsten zudem viel Wasser, was permanentes Nachfüllen mit entionisiertem Wasser fordert. Auch sollte hier die Luftfeuchte im Raum beobachtet werden, um Schimmelbefall vorzubeugen. Empfehlenswert sind aber derartige Becken allemal, da manche Arten, ihrer natürlichen Wuchsweise folgend, über den Wasserspiegel hinauswachsen und oft sogar blühen. So hat man die Möglichkeit, *Aponogeton*-Arten, aber auch Hakenlilien (*Crinum*-Arten) blühen und fruchten zu sehen.

Holländische Aquarien zeigen oft eindrucksvolle Pflanzenkompositionen.

Holländische Pflanzenaquarien

Ich möchte darauf verzichten, die bekannten Anleitungen zur Gestaltung der typisch holländischen Pflanzenaquarien hier nochmals aufzuschreiben. Dekorativ sind solche Becken immer, auch wenn sie nicht jedermanns Geschmack treffen. Arbeit machen sie allerdings nicht wenig – wenn das Pflegen von Aquarien überhaupt als Arbeit bezeichnet werden kann. Es bedarf aber einer guten Kenntnis der Wuchsformen und der Arten, um solche Becken zu gestalten und dauerhaft ansehenswert zu erhalten.

Naturaquarien

Die Aquarien des Japaners Takashi Amano sind in der Regel nach völlig anderen Überlegungen eingerichtet. Amano nennt seine Aquarien Naturaquarien. Einfühlsamkeit und Verständnis für die fernöstliche Denkweise sind nötig, sollen Aquarien nach diesem Stil gestaltet werden. Die Kombination von Wurzeln, Steinen und Pflanzen in größeren Aquarien ist beeindruckend in ihrer Schlichtheit und Aussagekraft. Solche japanischen Naturaquarien strahlen Ruhe und Harmonie aus. Die flächige Verwendung flach wachsender *Glossostigma diandra*, aber auch die wiesenartige Ausbreitung der Nadelsimse mit punktuell aufstrebenden Säulen einzelner Stängelpflanzen oder Solitärpflanzen in Symbiose mit punktgenau platzierten Wurzeln oder Steinaggregationen, haben einen unnachahmlichen Zauber. Beleuchtung und

In den so genannten Bonsai-Aquarien dominieren eindeutig die Überwasserpflanzen.

Düngung solcher Aquarien und auch die Frequenz des Wasserwechsels sind nicht anders als dies bei anderen gut gepflegten Pflanzenaquarien der Fall ist.

Bonsai-Aquarien

Der ferne Osten scheint momentan die Ideenschmiede für die aquaristische Pflanzenverwendung zu sein. Seit etwa 1999 sind sog. Bonsai-Aquarien in Mode gekommen. Im Gegensatz zu den beinahe klassischen Gestaltungsvarianten der zuvor genannten Formen, wird die Pflanzenkomposition bei Bonsai-Aquarien von emersen Pflanzen dominiert. Grundlage für die Bepflanzung bildet ein aus Moorkien- oder Savannenholzwurzeln gestalteter felsförmiger Aufbau, der über die gesamte Beckenbreite und weit über den Wasserspiegel hinausreicht. Mit einem ausgeklügelten Bewässerungssystem aus Pumpen, Verteilern und Schläuchen wird diese Landschaft mit kleinen Bachläufen und Wasserfällen durchzogen, um alle Pflanzen mit ausreichend Wasser zu versorgen. In eigens dafür eingebaute Pflanztaschen werden vorrangig klein bleibende oder mittels der Bonsai-Technik des Schneidens klein gehaltene Landpflanzen eingesetzt. Vorrangig sind aber verschiedenste Moose ausschlaggebend für die künftige Wirkung derartiger Arrangements. Aquarienpflanzen spielen hierbei eine untergeordnete Rolle. Im Wasserteil der Aquarien werden auch Fische und Wirbellose gehalten. Auch wenn diese Form der Aquaristik hierzulande noch recht exotisch ist, soll sie nicht unerwähnt bleiben.

AQUARIENPFLANZEN VERMEHREN UND ZÜCHTEN

Grundsätzlich wird zwischen der generativen, das heißt geschlechtlichen und der vegetativen, also ungeschlechtlichen Vermehrung der Pflanzen unterschieden.

Generative Vermehrung

Die generative Vermehrung der Aquarienpflanzen bleibt weitgehend dem professionellen Wasserpflanzengärtner vorbehalten. Der Aquarianer vermehrt seine Pflanzen vorrangig auf vegetativem Wege.

AUSSAAT Aber auch hier gibt es Ausnahmen, denn verschiedene Aquarienpflanzen, wie die meisten *Aponogeton*-Arten, die Langblättrige Barclaya *Barclaya longifolia*, auch verschiedene Seerosen lassen sich bekanntlich nur über Aussaat vermehren. Hier muss also auch der Aquarianer, will er seine Pflanzenbestände aufstocken oder verjüngen, die manchmal mühselige Aufzucht aus Samen auf sich nehmen. Nun ist es so uninteressant nicht, das aufwändige Prozedere um die Anzucht der winzigen Sämlinge einmal selbst mitgemacht zu haben. Zumindest gewinnt man dadurch vielleicht etwas mehr Achtung vor der im Fachhandel erworbenen, schon großen Pflanze. Bei der Zucht von Aquarienpflanzen, hier besonders der Sortenzucht der Schwertpflanzen, aber auch der Wasserähren, benötigt man allerdings die generative Vermehrung als Grundlage für eine weitergehende Auslese und Kreuzung. Diese, in den überwiegenden Fällen nicht sortenrein über Aussaat weiter zu vermehrenden Einzelpflanzen bzw. Sorten, müssen auf vegetativem Wege vervielfältigt werden.

Vegetative Vermehrung

Gewebekultur

Seine Pflanzen aus Samen heranzuziehen, ist nicht die einzige Form der Massenvermehrung. Deutliches Übergewicht hat die wesentlich lukrativere Gewebekultur als effektivste

Diese Aquarienpflanzen werden alle auf vegetative Weise vermehrt.

Form der vegetativen Vermehrung bekommen. Aus der Nutzpflanzenzucht und bei Orchideenfreunden ist sie bereits seit langem bekannt. Die Gewebekultur ist zwar eine anspruchsvolle und eigentlich aufwändige Methode, Pflanzen zu vervielfältigen, scheint aber bei einigen Arten und vor allem Sorten die einzige Möglichkeit zu sein, bezahlbare Verkaufsware zu produzieren.

VORGEHEN Bei dieser Methode wird Pflanzengewebe, sog. primäres Meristem, aus Spross- und Wurzelspitzen mittels chemischer Behandlung in die Lage versetzt, sich als Zelle oder kleinere Zellaggregation undifferenziert zu vermehren. Unter sterilen Bedingungen wird in einer komplizierten Abfolge verschiedener Kulturmethoden unter Zusatz von Wuchsstoffen die Bildung von kleinsten Pflanzen auf Nährmedien angeregt. Peinlichste Sauberkeit ist oberstes Gebot, da Infektionen mit Pilzen oder Bakterien den gesamten Erfolg vernichten können. Nachdem die Pflanzen genügend erstarkt sind, werden sie in das Gewächshaus überführt und wie andere Vermehrungskulturen weiterbehandelt. So können größere Mengen einer Art oder Sorte herangezogen werden.

GEEIGNETE SORTEN Bekannt geworden ist die Massenvermehrung von *Cryptocorynen* und *Echinodorus*-Sorten und -Arten, aber auch die Indische Sternpflanze *Eusteralis stellata* kann auf diese Weise preiswert vermehrt werden. Besonders wichtig ist diese Form der Vermehrung im Anschluss an die Zucht von Aquarienpflanzen, bei der die Aussaat keine einheitlichen Nachkommen erzielt. Manche Pflanze verweigert sich jedoch konsequent dieser Form der Vervielfältigung, sodass die Aussaat als einzige Alternative übrig bleibt. Nun ist dies so schlecht auch nicht, denn durch die ausschließlich vegetative Vermehrung drohen die Arten genetisch zu verarmen, da die Tochterpflanzen genetisch identische Abbilder ihrer Mütter sind.

Microsorum pteropus **lässt sich durch Sprossteilung oder Adventivpflanzen vermehren.**

Die rasch wüchsige *Shinnersia rivularis* wird durch Stecklinge vermehrt.

Die Ausläufervermehrung

Die einfachste Form der vegetativen Vermehrung kennen wir von den Ausläufer bildenden Aquarienpflanzen, wie beispielsweise den Sagittarien oder den kleinen *Helanthium*-Arten um *Helanthium bolivianus* und *Helanthium tenellus*. Ihre Ausläufer wachsen meist über dem Bodengrund und die Vegetationskegel sind in der Regel lange Zeit aktiv. In gewissen Abständen entstehen als Seitensprosse neue Pflanzen. Genügend erstarkte Jungpflanzen können schließlich abgetrennt und weiterkultiviert werden.

CRYPTOCRYNEN Anders verläuft die Ausläuferbildung bei Cryptocorynen. Die Ausläufer wachsen im Bodengrund und ihre Vegetationskegel gehen nach einiger Zeit zur Bildung einer neuen Pflanze über. Von diesen neuen Pflanzen gehen dann erneut Ausläufer aus. Ausläufervermehrung kennen wir auch vom Großen Sumpffreund *Limnophila aquatica*, *Potamogeton*-Arten, aber auch von schwimmenden Arten wie der Muschelblume *Pistia stratiotes* oder dem Südamerikanischen Froschbiss *Limnobium laevigatum*.

Rhizomteilung

Rhizom bildende Arten, wie verschiedene mittelgroße *Echinodorus*-, aber auch manche *Nymphaea*-, *Nuphar*- und auch *Anubias*-Arten, verzweigen sich, indem sie aus sog. ruhenden Knospen neue Pflanzen bilden können. Diesen Effekt kann man ausnutzen, indem das Rhizom in Teilstücke geschnitten

Helanthium tenellus **bilden bei starker Beleuchtung durch intensive Ausläuferbildung bald einen dichten Rasen.**

wird. Diese Stücke treiben, an der Wasseroberfläche schwimmend, bald aus den ruhenden Knospen Jungpflanzen.

Stecklingsvermehrung

Die meisten Aquarienpflanzen mit gestreckter Sprossachse sind recht einfach über die Sprossteilung zu vermehren. Dabei kann sowohl die Sprossspitze abgetrennt und neu gepflanzt, als auch der gesamte Spross in mehrere Teilstücke zertrennt werden. Meist bilden sich aus den Blattachseln Seitentriebe, die nach genügender Erstarkung gepflanzt werden können. Im Bodengrund verbleibende Sprossreste treiben ebenfalls wieder aus.

Adventivpflanzen

Eine weitere Form der vegetativen Vermehrung steht dem Aquarianer mit der Adventivpflanzenbildung verschiedener Arten zur Verfügung. Am bekanntesten dürfte die Bildung von Jungpflanzen an den Blütenständen verschiedener *Echinodorus*-Arten sein. Auch die Gewellte Wasserähre *Aponogeton undulatus* zeigt eine ähnliche Form der Jungpflanzenbildung. Diese an den Blütenständen entstehenden Tochterpflanzen sind nach ausreichender Erstarkung abzutrennen. Auch beim Schwarzwurzelfarn *Microsorum pteropus*, den *Ceratopteris*-Arten, aber auch bei der Seerose *Nymphea daubenyana* entstehen Adventivpflanzen. Manche Aquarienpflanzen, beispielsweise *Hygrophila*-Arten aber auch *Alternanthera*, besonders aber der Wassermeerrettich *Rorippa aquatica* bringen an den Bruchstellen abgetrennter Blätter Jungpflanzen hervor. Diese Adventivpflanzen bilden sich aus sekundärem Meristem. Diese noch undifferenzierten Zellen werden bei Verletzung des Blattgewebes zum Wachstum angeregt.

Mit an Sicherheit grenzender Wahrscheinlichkeit warten noch Hunderte Sumpf- und Wasserpflanzen auf ihre Entdeckung für die Aquarienpflege, deren Einfuhr aber aufgrund restriktiver Sammel- und Ausfuhrbestimmungen vieler Herkunftsländer zunehmend schwieriger wird. Meist sind es Aquarianer, die von ihren Sammelreisen die eine oder andere Neuheit mitbringen, und es wäre zu wünschen, dass der Enthusiasmus dieser wenigen erhalten bleibt. Unabhängig dieser Aufsammlungen bleibt die Sortenzucht ein reiches Betätigungsfeld, das im Wesentlichen noch in den Kinderschuhen steckt.

Aquarienpflanzen züchten

Lange vernachlässigt

Die Zucht von Nutzpflanzen zur Ernährung, aber auch für die gärtnerische Verwendung ist schon seit Jahrhunderten üblich. Dagegen hat man sich bis vor kurzem noch schwer getan mit der züchterischen Bearbeitung von Aquarienpflanzen. Auch hinsichtlich der Beurteilung der Notwendigkeit der Sortenzucht wurden teils sehr puristische Auffassungen vertreten. Nun wird die Aquaristik auch erst seit etwas mehr als 100 Jahren praktiziert, und die richtige Haltung und Vermehrung der Aquarienpflanzen begann erst in der zweiten Hälfte des 20. Jahrhunderts. Somit befindet sich dieser Zweig der Pflanzenverwendung, vor allem aber die gärtnerisch-züchterische Bearbeitung, noch in den Anfängen seiner Entwicklung.

ZUFALLSTREFFER Erste Sorten von Aquarienpflanzen waren Zufallstreffer wie die bekannte Barth`sche *Cabomba caroliniana* „Silbergrün“. Andere scheinen das Ergebnis von Infektionen mit Viren zu sein, wie das von den panaschierten *Hygrophila*-Sorten, aber auch demMexikanischen Eichenblatt *Shinersia rivularis* vermutet wird. Gleiches geistert über die Ursache der rosafarbenen Nervatur von *Cryptocoryne cordata* durch die Literatur.

ERFOLGREICHE KREUZUNGEN Aber nicht diese zufälligen Funde und deren gezielte Vermehrung brachte den Aufschwung für die Zucht. Dies geschah vielmehr durch die Kreuzung von *Aponogeton*-Arten, vor allem Formen der Wasserähren der *Aponogeton cris-*

Kommerziell werden Aquarienpflanzen meist in Sumpfkultur gezogen, hier ist auch die Wiege für neue Sorten.

pus-Gruppe, besonders aber die Kreuzungsversuche innerhalb der Gattung *Echinodorus*. So gut wie alle namhaften Wasserpflanzengärtnereien brachten ihre eigenen Kreationen auf den Markt, und einige Sorten wurden auch sortenrechtlich registriert. Bleibt abzuwarten, in welche Richtung die Zucht von Aquarienpflanzen weitergeführt wird.

Muschelblumen wachsen in Wasserpflanzengärtnereien als Nebenprodukt heran.

ZUM WEITERLESEN

Amano, Takashi: Amanos Naturaquarien. Bede-Verlag,, Ruhmannsfelden 1997.

Beck, Angela und Peter: Aquarium. Kosmos Verlag, Stuttgart 2007.

Beck, Peter: Süßwasser-Aquaristik. Kosmos Verlag, Stuttgart 2001.

Dreyer, Stephan und Rainer Keppler: Das neue Kosmosbuch der Aquaristik. Fische, Pflanzen, Wasser, Technik. Kosmos Verlag, Stuttgart 2006.

Gay, Jeremy: 1 x 1 der Aquaristik. Kosmos Verlag, Stuttgart 2007.

Hiscock, Peter: Aquarien gestalten – nach dem Vorbild der Natur. Kosmos Verlag, Stuttgart 2004.

Hofstätter, Christian W.: Garnelen & Krebse. Kosmos Verlag, Stuttgart 2007.

Kahl, Burkard u. Wally, Vogt, Dieter: Kosmos-Atlas Aquarienfische. Über 750 Süßwasser-Arten. Kosmos Verlag, Stuttgart 2003.

Kasselmann, Christel: Aquarienpflanzen. Ulmer-Verlag, Stuttgart 1999.

Kasselmann, Christel: Echinodorus – die beliebtesten Aquarienpflanzen. Dähne Verlag, Ettlingen 2001.

Kasselmann, Christel: Pflanzenaquarien gestalten. Planen, pflanzen, pflegen. 100 Pflanzenarten auf einen Blick. Kosmos Verlag, Stuttgart 2006.

Kölle, Dr. med. vet. Petra: Fischkrankheiten. Kosmos Verlag, Stuttgart 2001.

Kothe, Hans W.: 250 Aquarienfische. Bestimmen, halten, pflegen. Kosmos Verlag, Stuttgart 2007.

Mayland, Hans J.: Diskus. Kosmos Verlag, Stuttgart 2000.

Mayland, Hans J. und Dieter Bork: Salmler. Kosmos Verlag, Stuttgart 2000.

Osche, Claus: Lebendgebärende. Kosmos Verlag, Stuttgart 2001

Ullrich, Martin: Buntbarsche. Kosmos Verlag, Stuttgart 2000.

Untergasser, Dieter: Krankheiten der Aquarienfische. Diagnose und Behandlung. Kosmos Verlag, Stuttgart 2006.

Veit, Klaus: Mein Aquarium. Kosmos Verlag, Stuttgart 2008.

Vierke, Jörg: Labyrinthfische. Kosmos Verlag, Stuttgart 2001.

Vierke, Jörg: Welse. Kosmos Verlag, Stuttgart 2002.

Wilkerling, Klaus: Aquarienfibel. Fische und Pflanzen im Süßwasseraquarium. Kosmos Verlag, Stuttgart 2009.

Wit, Hendrik de: Aquarienpflanzen. Ulmer Verlag, Stuttgart 1990

ADRESSEN

Verband Deutscher Vereine für Aquarien- und Terrarienkunde e.V. (VDA): www.vda-online.de

Aquaristik allgemein:
www.aquanet.de

Magazin zu Aquarienfischen:
www.fischreisen.de
(von Autor Jörg Vierke)

Fischverhalten:
www.fischverhalten.de
(von Autor Jörg Vierke)

Fernsehen für Aquarianer:
www.aquanet.tv

Aquarienpflanzen:
www.arbeitskreis-wasserpflanzen.de

www.mecklenburger-wasserpflanzenfreunde.de

Buntbarsche: www.dcg-online.de

Guppys: www.dgf-guppy.de

Killifische: www.dkg.killi.org

Labyrinthfische: www.igl-home.de

Lebendgebärende Zahnkarpfen:
www.dglz.de

Regenbogenfische:
www.irg-online.de

Zoofachhandel: www.zzf.de

Bildnachweis

Farbfotos von Claus-Peter Gering: 73 Pflanzenaufnahmen auf den Seiten 132-228, Frank Hecker: Seite 129/121, 163 links, 199 links, 214, 216, 218, 229, 230/231, Wolfgang Ise: Seite 177 links, 178 rechts, 179 links, Burkard und Wally Kahl: 163 Fisch- und Pflanzenaufnahmen auf den Seiten 1-117 sowie Seite 118/119, 122, 123, 125, 128, 142/143, 145, 152, 153, 154 rechts, 158 links, 160 beide, 161 links, 162 links, 167 rechts, 168 links, 170 links, 185 links, 186 rechts, 188 links, 195 rechts, 196 rechts, 200/201, 212/213, 220, 226 beide, Christel Kasselmann: Seite 127, 129, 130/131, 134/135, 140/141, 147, 150/151, 157 rechts, 159 beide, 165 rechts, 169 links, 202/203, 205, 206, 207, 208, 210/211, 215, 222/223, 224/225, 227, Dr. Rudolf König: Seite 219, Christof Salata/Kosmos: Seite 42 unten beide, 46, 47 und Dr. Jörg Vierke: Seite 44, 45, 46/4/, 54 rechts, 60 links, 78 rechts, 83 rechts, 84 rechts, 85 rechts, 86 beide, 99 rechts, 109 rechts, 114 rechts.

Grafiken auf Seite 204 und 209 von Claus-Peter Gering/Guido Schlaich.

Impressum

Umschlaggestaltung von eStudio Calamar unter Verwendung von zwei Farbaufnahmen von Burkard Kahl. Die Umschlagvorderseite zeigt einen Mosaikfadenfisch (*Trichogaster leeri*), die Rückseite Rotaugen-Salmler (*Moenhausia sanctaefilomenae*), Seite 1 Guppys (*Poecilia reticulata*).

Mit 317 Farbfotos.

Gedruckt auf chlorfrei gebleichtem Papier

ISBN 978-3-440-11862-7
Redaktion des Doppelbandes: Angela Beck
Gestaltung: Katrin Indra unter Verwendung einer Vorlage von eStudio Calamar
Produktion: Eva Schmidt / Katrin Indra
Printed in The Czech Republic / Imprimé en République Tchèque

INFOLINE

Dr. Jörg Vierke ist Biologe und Aquarianer aus Leidenschaft. In seiner Doktorarbeit untersuchte er das Verhalten von Labyrinthfischen. Jörg Vierke hat bereits viele Aquaristikbücher geschrieben und schöpft dabei nicht nur aus seinem reichen Erfahrungsschatz. Regelmäßig reist er in die tropische Heimat der Fische und studiert dort ihre natürliche Lebensweise. Seit geraumer Zeit produziert Jörg Vierke Fischfilme für das Internet-Fernsehen – sowohl vor dem Aquarium als auch im Freiwasser (Amazonien, tropische Meere).
Jörg Vierke hat den ersten Teil dieses Buches über Aquarienfische verfaßt.

Claus-Peter Gering ist Diplom-Chemiker und bereits seit Anfang der siebziger Jahre begeisterter Aquarianer. Seine besondere Leidenschaft gehört den Aquarien-, Sumpf- und Wasserpflanzen. Er ist Leiter des VDA–Arbeitskreises Wasserpflanzen der Region Mecklenburg-Vorpommern. Durch Veröffentlichungen in diversen Fachzeitschriften hat sich Claus-Peter Gering als Experte für Fragen rund um die Pflanzenwelt einen Namen gemacht.
Claus-Peter Gering hat den zweiten Teil des Buches über Aquarienpflanzen geschrieben.

Sie können sich mit Ihren Fragen und Problemen an die Autoren wenden. Schreiben oder mailen Sie an die „KOSMOS Infoline“:

KOSMOS Verlag
„Heimtier-Infoline“
Postfach 10 60 11
70049 Stuttgart
heimtier-infoline@kosmos.de